U0232012

普通高等教育"十二五"规划教材

数字电子技术实验教程

主　编　袁小平
副主编　牛小玲　王都霞
参　编　冯小龙　陈　烨　王　军　孙　梅

机械工业出版社

本书以目前使用的主流数字电子技术教学内容为主线，按章节编写了4章共24个数字电路和数字系统实验。第1章介绍了数字电子技术实验的基础知识，第2章设计了数字电子技术的基础实验和综合性实验。第3章从实验教学内容要及时跟踪现代电子技术的发展状况出发，引入了电子设计自动化（EDA）技术，设计了基于EDA的数字电路设计与仿真实验，主要包括电子电路计算机辅助设计软件 Electronic Workbench 和 MAX + plus Ⅱ，并且将 AHDL 语言引入数字电子技术实验系统，为进一步进行数字系统设计奠定基础。第4章从数字电子技术课程设计出发，设计了研究型实验课题，并提出了课程设计的参考选题。此外，从实验教材知识的完整性考虑，在附录A和附录B中分别介绍了两种EDA软件的使用方法，附录C介绍了AHDL的使用，附录D介绍了自己研发的DLEB-Ⅱ型数字逻辑电路实验箱，附录E和附录F介绍了EDA实验开发系统及下载软件，附录G介绍了部分常用TTL数字集成电路及其引脚分布图。本教材简明易懂，可操作性强，可作为电气信息类、计算机类、自动化类、电气类等本科专业学生的数字电子技术实验、EDA实训课题等实践教学教材，也可作为从事电子技术开发的工程人员以及广大爱好者的参考书。

图书在版编目（CIP）数据

数字电子技术实验教程/袁小平主编. —北京：机械工业出版社，2012.8（2019.1重印）
普通高等教育"十二五"规划教材
ISBN 978-7-111-39166-1

Ⅰ.①数… Ⅱ.①袁… Ⅲ.①数字电路—电子技术—实验—高等学校—教材 Ⅳ.① TN79-33

中国版本图书馆 CIP 数据核字（2012）第 160451 号

机械工业出版社（北京市百万庄大街 22 号 邮政编码 100037）
策划编辑：贡克勤 责任编辑：贡克勤 王雅新
版式设计：霍永明 责任校对：张 征
封面设计：路恩中 责任印制：张 楠
三河市骏杰印刷有限公司印刷
2019 年 1 月第 1 版·第 3 次印刷
184mm×260 mm·11.25 印张·270 千字
标准书号：ISBN 978-7-111-39166-1
定价：24.00 元

凡购本书，如有缺页、倒页、脱页，由本社发行部调换
电话服务 网络服务
社服务中心：（010）88361066 教材 网：http://www.cmpedu.com
销 售 一 部：（010）68326294 机工官网：http://www.cmpbook.com
销 售 二 部：（010）88379649 机工官博：http://weibo.com/cmp1952
读者购书热线：（010）88379203 **封面无防伪标均为盗版**

前　言

　　"数字电子技术实验"是"数字电子技术"课程重要的实践性环节，通常是独立设课、单独考试的实验课程，具有较强的实践性。通过实验，学生可巩固和加深对数字电子技术理论知识的理解，掌握数字电路综合设计的方法，培养独立分析问题和解决问题的能力及创新实践能力，培养严肃认真的科学作风。

　　为满足不同专业、不同层次的实验教学要求，本书通过总结"数字电子技术"课程组的全体教师实验教学改革和实践的经验，从人才培养整体体系出发，以能力培养为主线，通过分层次实验，建立了一套系统的实验教学体系。实验体系内容与理论教学有机衔接，互相渗透，相辅相成，力图体现现代电子技术的基础教学与发展方向。具体表现在：

　　1. 体现先进性

　　及时跟踪现代电子技术的最新成果，将 EDA 技术、HDL 语言等新技术引入实验教学，进一步提高电类学生的计算机应用设计能力，提高学生的电子系统设计能力。

　　2. 注重实用性

　　在实验内容的安排上，由浅入深，增加了综合设计型实验的比例，增加了基于 EDA 的数字电路设计与仿真实验，增加了课程设计，将创新研究型实验融合在课程设计教学过程中。每个实验基本包括设计举例、要求学生完成的实验任务等。

　　3. 突出能力培养

　　数字电子技术的实验能力是学生从事电子技术的重要基础之一，本书力图通过培养学生"虚实结合"、"软硬兼通"的能力，达到提高学生电子技术综合设计能力和创新研究能力的目的。

　　本书是在中国矿业大学"数字电子技术"课程组全体教师多年实验教学改革和实践的基础上编写而成的，由袁小平担任主编并负责统稿，牛小玲、王都霞担任副主编，袁小平编写第 1 章、3、4 章，牛小玲和王都霞共同编写第 2 章，冯小龙编写附录 A，王军和陈烨共同编写附录 B，袁小平和孙梅共同编写附录 C、附录 D 和附录 E、F、G。

　　本书编写本着由浅入深、由易到难、循序渐进、通俗易懂的原则，力求突出应用，努力贯彻少而精和理论联系实际的精神，做到基本设计思路清晰，以适应不同层次学生自学及独立进行实验的要求。

　　本书是中国矿业大学教材建设工程重点资助建设教材，在此向一直以来关心和支持"数字电子技术"课程的领导和同事们表示衷心感谢。

　　本书的出版得到了机械工业出版社的大力支持，从教材的内容到出版，凝聚了编辑的辛勤劳动，在此表示深深的敬意和衷心的感谢。

　　由于水平有限，书中难免有不妥和错误之处，恳请使用本书的师生批评指正。读者的反馈信息可通过电子邮件发送至：xpyuankd@163.com。

编　者

目 录

绪　　论

　　"数字电子技术"是一门技术基础课程，其应用性很强，是计算机类、机电类、电气信息类等专业的必修课。随着电子科学技术的飞速发展，电子计算机和集成电路的广泛应用，以及信息技术的发展对科学技术、国民经济和国防各领域的日益深入的影响和渗透，数字电子技术的知识、理论和方法在相关专业的地位越来越重要。为了适应电子科学技术的发展和不同专业的需求，多年来我们对电子技术的教学内容和课程设置体系不断地进行改革实践，尤其是近年来逐步采用 EDA 技术辅助教学，使得本课程的教学内容始终密切结合国内外最新的科技进展，已初步形成具有自身特色的教学体系，取得了良好的教学效果。

　　20 世纪 90 年代以来，电子技术、IC 技术的发展日新月异，对数字电子技术课程的教学内容提出了更高的要求。为适应科学技术的发展以及社会对人才培养的要求，我们对数字电子技术课程的教学大纲进行了修订，对教学内容进行了调整和充实，精简分立器件内容，增加集成电路内容，教学重点也从逻辑电路分析转向面对问题的逻辑电路设计。为加强对学生实践能力、创新能力的培养，开设了设计性实验和课程设计，促进了学生实际动手能力和分析、设计能力的提高。通过理论课程的学习和实验课程的实践，学生可掌握数字电子技术基础知识和基本技能，再通过相应的课程设计将理论用于实践，将理论与设计融为一体，学生在课程设计中既能提高运用所学知识进行设计的能力，又能体会到理论设计与实际实现中的距离，由此锻炼了学生分析问题、解决问题的能力。

　　进入新世纪后，面对 EDA 技术、大规模集成电路，特别是可编程器件的高速发展和新世纪对高等教育培养高素质人才的需要，课程组把数字电子技术课程中大规模集成电路内容整合在一起，使学生掌握更系统、更先进的电子技术知识与设计方法；加强现代化教学方法和手段，逐步采用 EDA 技术和 CAI 课件辅助教学；对实验课程的内容也进行了重新设计、调整和规划，重视实验课程在学生学习中的地位和作用。

　　通过以上措施，我院数字电子技术系列课程在内容体系、实验教学改革、现代化教学方法和手段运用等方面，取得了在同类课程中的先进地位。形成了由数字电子技术、数字电子技术实验、数字电子技术课程设计等内容组成的数字电子技术课程体系。

　　该课程体系从内容上分为理论教学和实践教学两大块。理论教学首先介绍数字系统的组成、数字信号的特点、各种数字电路在系统中的作用等；在内容编排上，按先基本逻辑电路后逻辑器件、先单元电路后系统电路、先数字电路后脉冲电路编排；具体内容包括逻辑代数、门电路、组合逻辑电路、触发器、时序逻辑电路、脉冲的产生和整形、模/数和数/模转换电路、半导体存储器、可编程逻辑器件、系统应用举例等。数字电路部分以基本概念和基本应用为主，着重于外部逻辑功能的描述和分析，强调外特性和重要参数，不讲内部电路。这样组织内容的目的是用较少的时间让学生掌握更多数字电路的概念和分析方法。在讲授时各部分内容均从基本概念入手，通过学习数字电子技术的基本电路、分析方法、设计方法，通过对具体实际系统加以总结和归纳，从而培养学生分析问题、解决问题的能力。

　　数字电子技术实践课程与理论课程在内容上相互补充，其内容体系有：基本验证型实验、综合设计型实验和创新研究型实验，实验的方法既有动手实践也有模拟仿真。

数字电子技术课程内容多、发展快，为了使学生在有限的学时内，把该课程学好、学扎实，要求教师在教学中既要抓住该课程的基本理论、基本方法、基本技术指标，同时还要根据各专业方向的不同，有效组织课程教学内容。对于电类专业，在教学时，注重对基本理论、基本电路的分析与设计；注重对数字集成电路的分析、可编程器件的设计等。在介绍应用时，其侧重面也不同，教师讲课内容从原来偏重于基本电路的原理分析，更多地转向基本电路的组成原则、电路结构的构思方法以及系统结构的应用等方面来。实验教学包括验证型实验和设计型实验，逐步增加综合型、创新研究型实验教学内容。

实践教学是数字电子技术课程的重要教学环节，也是学生展示聪明才智的舞台。为了使实践教学更有效的发挥作用，我们把实验课分为基本验证型实验、综合型实验、设计型实验、创新研究型实验、课程设计等教学内容。

"基本验证型实验"训练常用电子仪器的使用方法和数字电路的基本测试方法，它所涉及的内容与课堂教学内容紧密相关，充分体现课程的实践性。

"综合型实验"是指实验内容涉及本课程的综合知识或本课程相关课程知识点的实验。该类实验的目的在于通过实验内容、实验方法、实验手段的综合，牢固掌握本课程及相关课程的综合知识，培养学生综合处理问题的能力，达到能力和素质的综合培养与提高。

"设计型实验"是指实验指导教师根据教学的要求提出实验目的和实验要求，并给出实验室所能够提供的实验仪器设备、器件等实验条件，由学生运用已掌握的基本知识、基本原理和实验技能，自行设计实验方案、拟定实验步骤、选定仪器设备（或器件、材料等）、独立完成操作、记录实验数据、绘制图表、分析实验结果等。该类实验的目的在于培养学生的综合处理问题和综合设计能力，激发学生的主动性和开拓创新意识。实验过程应充分发挥学生的主观能动性，引导学生独立思考，独立完成实验的全过程。我们把它与数字电子技术课程设计结合在一起，并采用较为先进的 EDA 技术，使实验更加接近工程实际。在设计型实验中特别鼓励学生自拟实验项目，将课外科技活动、电子制作大赛纳入到教学活动中来，课内外学习相互结合，课堂教学与实践教学相融合，以开阔学生的视野、增强学生的应用能力。

"创新研究型实验"是指在指导教师指导下，学生在导师的研究领域或本人的学科方向，针对某一或某些选定研究目标所进行的具有研究探索性质的实验。该类实验的目的是在深化学生综合设计能力的基础上，培养学生的开拓创新性思维和研究创新能力。

通过有效组织教学内容有利于培养学生的实践能力和创新能力。学生通过课堂学习获得了基本知识后，通过实验课进行实验和仿真，再经过课程设计，使学生初步掌握现代数字电路和系统的设计方法和实现方法。

第1章 数字电路实验基础知识

随着科学技术的发展，数字电子技术在各个科学领域中都得到了广泛的应用，它是一门实践性很强的技术基础课，在学习中不仅要掌握基本原理和基本方法，更重要的是学会灵活应用。因此，需要完成一定数量的实验，才能掌握这门课程的基本内容，熟悉各单元电路的工作原理，掌握各集成器件的逻辑功能和使用方法，从而有效地培养学生理论联系实际和解决实际问题的能力，树立科学的工作作风。

1.1 实验的基本过程

实验的基本过程应包括：确定实验内容、选定最佳的实验方法和实验电路、拟出较好的实验步骤、合理选择仪器设备和元器件、进行连接安装和调试、最后写出完整的实验报告。

在进行数字电路实验时，应该充分掌握和正确利用集成器件及其构成的数字电路独有的特点和规律。要想顺利完成每一个实验，应注重实验预习、实验记录和实验报告等环节。

1. 实验预习

认真预习是做好实验的关键。预习好坏，不仅关系到实验能否顺利进行，而且直接影响实验效果。预习应按本教材的实验预习要求进行，在每次实验前首先要认真复习有关实验的基本原理，掌握有关器件的使用方法，对如何着手实验做到心中有数，通过预习还应做好实验前的准备，写出一份实验预习报告。预习报告不同于正式实验报告，没有统一的要求，但是对实验的组织实施有着特殊的指导作用，是实验操作的主要依据。一般应该以能看懂为基本要求，尽量简洁、清晰，便于指导教师审阅和实验者自己纠正错误。其内容主要包括：

1）绘出设计好的实验电路图，该图应该是逻辑图和连线图的混合，既能方便连线，又能反映电路工作原理，并在图上标出器件型号、使用的引脚号及元器件数值，必要时还可以辅以文字说明。

2）拟定实验方法和步骤。

3）拟好记录实验数据的表格和波形坐标。

4）列出元器件清单。

2. 实验记录

实验记录是实验过程中获得的第一手资料。测试过程中所测试的数据和波形应该和理论基本一致，所以记录必须清楚、合理、正确，如果实验数据不正确，则要在现场及时重复测试，分析查找错误原因。实验记录应包括如下内容：

1）实验任务、名称及内容。

2）实验数据和波形以及实验中出现的现象，从记录中应能初步判断实验的正确性。

3）记录波形时，应注意输入、输出波形的时间相位关系，在坐标图中上下波形对齐。

4）实验中实际使用的仪器型号和编号以及元器件使用情况。

3. 实验报告

实验报告是培养学生总结能力和分析思维能力的有效手段，也是一项重要的基本功训练，它能很好地巩固实验成果，加深对基本理论的认识和理解，从而进一步扩大知识面。

实验报告是一份技术总结，要求文字简洁，内容清楚，图表工整。报告内容应包括实验目的、实验使用仪器和元器件、实验内容、实验结果以及分析讨论等，其中实验内容和实验结果是报告的主要部分，它应包括实际完成的全部实验，并且要按实验任务逐个书写，每个实验任务应有如下内容：

1) 实验课题的框图、逻辑图（或测试电路）、状态图、真值表以及文字说明等，对于设计性课题，还应有整个设计过程和关键的设计技巧说明。

2) 实验记录和经过整理的数据、表格、曲线和波形图，其中表格、曲线和波形图应充分利用专用实验报告简易坐标格，并且利用三角板、曲线板等工具描绘，力求画得准确，不得随手示意画出。

3) 实验结果分析、讨论及结论，对讨论的范围，没有严格要求，一般应对重要的实验现象、结论加以分析、讨论，以便进一步加深理解。此外，还要包括对实验中的异常现象的简要分析、实验中有何收获及心得体会。

1.2　实验操作规范和常见实验故障检查方法

实验中操作的正确与否对实验结果影响很大。因此，实验者需要注意按以下规程进行：

1) 组建实验电路前，应对仪器设备进行必要的检查校准，对所用集成电路进行功能测试，确保实验设备和器件的完好。

2) 组建实验电路时，应遵循正确的布线原则和操作步骤，即实验前先接线后通电，实验完成后先断电再拆线的步骤完成实验。

3) 掌握科学的调试方法，有效地分析并检查故障，以确保电路工作稳定可靠。

4) 仔细观察实验现象，完整准确地记录实验数据，并与理论值进行比较，分析实验结果。

5) 实验完毕，经指导教师同意后，方可关断电源拆除连线，整理好实验箱和实验工作台，摆放整洁。

布线原则和故障检查是确保实验操作正确与否的重要问题。

1. 布线原则

应便于检查、排除故障和更换器件。

在数字电路实验中，由错误布线引起的故障，通常占很大比例。布线错误不仅会引起电路故障，严重时甚至会损坏器件，造成电源短路，因此，实验者务必注意布线的合理性和科学性，正确的布线原则主要有以下几点：

1) 当接插集成电路芯片时，先校准两排引脚，使之与实验底板上的插孔对应，轻轻用力将芯片插上，然后在确定引脚与插孔完全吻合后，再稍用力将其插紧，以免集成电路的引脚弯曲、折断或者接触不良等。

2) 禁止将集成电路芯片方向插反，通常集成电路芯片的方向是缺口（或标记）朝左，引脚序号从左下方的第一个引脚开始，按逆时针方向依次递增至左上方的第一个引脚。

3）选择粗细适当的导线，一般选取直径为 $0.6 \sim 0.8\text{mm}$ 的单股导线，最好采用颜色不同的各种色线以区别不同用途，如电源线用红色，地线用黑色等。

4）有秩序地进行布线，随意乱接容易造成漏接错接，较好的方法是先接好固定电平点，如电源线、地线、门电路闲置输入端、触发器异步置位复位端等，其次，按照信号源的顺序从输入到输出依次布线。

5）连线应尽量避免过长，避免从集成器件上方跨接，避免过多的重叠交错，确保顺利进行布线、更换元器件以及故障检查和排除等。

6）当实验电路的规模较大时，应注意集成元器件的合理布局，以便得到最佳布线。

特别注意：布线和调试工作往往需要交替进行，不能截然分开。对大型实验电路需要元器件很多的，可将总电路按其功能划分为若干相对独立的部分，逐个布线、调试，然后将各部分连接起来统一调试。

2. 故障检查

实验中，如果电路设计正确，却不能实现预定的逻辑功能时，表明实验电路有故障。产生故障的原因大致可以归纳为以下 4 个方面：

1）操作不当（如布线错误等）。

2）设计存在缺陷（如电路出现险象等）。

3）元器件使用不当或功能不正常。

4）仪器（主要指数字电路实验箱）和集成器件本身出现故障。

因此，上述 4 点应作为检查故障的主要线索。下面介绍几种常见的故障检查方法：

（1）查线法　在实验中大部分故障都是由于布线错误引起的，因此，在故障发生时，复查电路连线是排除故障的有效方法。特别注意：有无漏线、错线，导线与插孔接触是否可靠，集成电路是否插牢、插反等。

（2）观察法　用万用表直接测量各集成块的 V_{CC} 端是否加上电源电压；输入信号、时钟脉冲等是否加到实验电路上，观察输出端有无反应。重复测试观察故障现象，然后对某一故障状态，用万用表测试各输入/输出端的直流电平，从而判断出是否是插座板、集成块引脚连接线等原因造成的故障。

（3）信号注入法　在电路的每一级输入端加上特定信号，观察该级输出响应，从而确定该级是否有故障，必要时可以切断周围连线，避免相互影响。

（4）信号寻迹法　在电路的输入端加上特定信号，按照信号流向逐级检查是否有输出信号及其是否正确，必要时可多次输入不同信号。

（5）替换法　对于多输入端器件，如有多余输入端则可调换其他输入端试用。必要时可更换器件，以检查器件功能不正常所引起的故障。

（6）动态逐线跟踪检查法　对于时序电路，可输入时钟信号按信号流向依次检查各级波形，直到找出故障点为止。

（7）断开反馈线检查法　对于含有反馈线的闭合电路，应该设法断开反馈线进行检查。

以上检查故障的方法，是指在仪器工作正常的前提下进行的，如果实验时电路功能测不出来，则应首先检查供电情况，若电源电压已加上，便可把有关输出端直接接到 0-1 显示器（LED 发光二极管）上检查，若逻辑开关无输出，或单次 CP 无输出，则是开关接触不好，或者是内部电路坏了，或者是集成器件坏了。

特别注意：实践经验对于故障检查是大有帮助的，但只要实验前充分预习，掌握基本理论和实验原理，就不难用逻辑思维的方法较好地判断和排除实验过程中的故障。

1.3　实验要求

1. 实验前的要求

1）认真阅读实验指导书，明确实验目的要求，理解实验原理，熟悉实验电路及集成芯片，拟出实验方法和步骤，设计实验数据记录表格。

2）完成实验指导书中有关预习的相关内容。

3）初步估算或分析实验中的各项参数和波形，写出预习报告。

4）对实验内容应提前设计并使用 EDA 软件仿真验证，将有关数据写入预习报告中，设计电路在实验前一天应交给老师，以准备相应的器件。

2. 实验中的要求

1）参加实验者要自觉遵守实验室规则。

2）严禁带电接线、拆线或改接电路。

3）根据实验内容，准备好实验所需的仪器设备和装置并安放适当。按实验方案，选择合适的集成芯片，连接实验电路和测试电路。

4）要认真记录实验条件和所得各项数据、波形。发生小故障时，应独立思考，耐心排除，并记下排除故障的过程和方法。实验过程中不顺利，并不是坏事，常常可以从分析故障中提高独立工作的能力。

5）发生焦味、冒烟故障，应立即切断电源，保护现场，并报告指导老师和实验室工作人员，等待处理。

6）仪器设备不准随意搬动和调换。非本次实验所用的仪器设备，未经老师允许不得动用。若损坏仪器设备，必须立即报告老师，作书面检查，责任事故要酌情赔偿。实验完成后，应让指导老师检查签字，经老师同意后方可拆除电路，清理现场。

7）实验要严肃认真，要保持安静、整洁的实验环境。

3. 实验后的要求

实验后要求学生认真写好实验报告（含预习内容）。

（1）实验报告（含预习内容）的内容

1）实验目的：指出实验的教学目标。

2）列出实验的环境条件，使用的主要仪器设备的名称编号，集成芯片的型号、规格、功能。

3）扼要记录实验操作步骤，认真整理和处理测试的数据，绘制实验电路图和测试的波形，并列出表格或用坐标纸画出曲线。

4）对测试结果进行理论分析，作出简明扼要的结论。分析产生误差的原因，提出减少实验误差的措施。

5）记录产生故障情况，说明排除故障的过程和方法。

6）写出本次实验的心得体会，以及改进实验的建议。

（2）实验报告（含预习内容）要求

实验报告要文理通顺、书写简洁、符号标准、图表规范、讨论深入、结论简明。

1.4　数字集成电路封装

　　中、小规模数字集成电路中最常用的是 TTL 电路和 CMOS 电路。TTL 器件型号以 74（或 54）作前缀，称为 74/54 系列，如 74LS10、74F181、54586 等。中、小规模 CMOS 数字集成电路主要是 4×××/45××（×代表 0~9 的数字）系列，高速 CMOS 电路 HC（74HC 系列），与 TTL 兼容的高速 CMOS 电路 HCT（74HCT 系列）。TTL 电路与 CMOS 电路各有优缺点，TTL 速度高，CMOS 电路功耗小、电源范围大、抗干扰能力强。由于 TTL 在世界范围内应用极广，在数字电路教学实验中，主要使用 TTL74 系列电路作为实验用器件，采用单一 +5V 作为供电电源。

　　数字集成电路器件有多种封装形式。为了教学实验方便，实验中所用的 74 系列器件封装选用双列直插式。图 1-1 是双列直插式封装（简称 DIP 封装）的示意图。双列直插封装有以下特点：

　　1）从正面（上面）看，器件一端有一个半圆的缺口，这是正方向的标志。缺口左边的引脚号为 1，引脚号按逆时针方向增加。图 1-1 中的数字表示引脚号。双列直插封装的集成电路引脚数有 14、16、20、24、28 等若干种。

　　2）双列直插器件有两列引脚。引脚之间的间距是 2.54mm。两列引脚之间的距离有宽（15.24mm）、窄（7.62mm）两种。两列引脚之间的距离能够稍微改变，引脚间距不能改变。将器件插入实验台上的插座中去或者从插座中拔出时要特别小心，不能将器件引脚弄弯或折断。

　　3）74 系列器件一般左下角的最后一个引脚是 GND，右上角的引脚是 V_{CC}。例如，14 引脚器件引脚 7 是 GND，引脚 14 是 V_{CC}；20 引脚器件引脚 10 是 GND，引脚 20 是 V_{CC}。但也有一些例外，例如 16 引脚的双 JK 触发器 74LS76，引脚 13（不是引脚 8）是 GND，引脚 5（不是引脚 16）是 V_{CC}。所以使用集成电路器件时要先看清它的引脚图，明确电源和地所对应的引脚，避免因接线错误造成器件损坏。

　　数字电路综合实验中，使用的复杂可编程逻辑器件 EPM7032 是 44 引脚的 PLCC（Plastic Leaded Chip Carrier）封装，图 1-2 是 PLCC 封装图。器件上的小圆圈指示引脚 1，引脚号按逆时针方向增加，引脚2在引脚1的左边，引脚44在引脚1的右边。EPM7032有多个电源

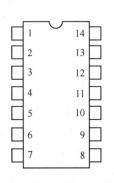

图 1-1　双列直插式封装的示意图

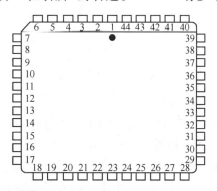

图 1-2　PLCC 封装图

引脚号、地引脚号，插 PLCC 器件时，器件的左上角（缺脚）要对准插座的左上角。PLCC 封装器件引脚较多，拔出时应更加小心，可以使用专门的起拔器，也可以使用镊子从对角缝隙轻轻拔出。

特别注意：不能带电插、拔器件。插、拔器件只能在关断电源的情况下进行。

1.5　常见逻辑电路图的表示形式

针对在教学、科研、生产过程中各个环节的不同要求，逻辑电路图通常有以下 3 种表示形式。

1. 原理图

原理图注重的是电路的组成部分及各部分间的逻辑关系的原理性的描述。因此图中的集成电路只用具有相应逻辑功能的逻辑符号代替，可不涉及具体器件的型号，更不涉及器件的引脚编号等，如图 1-3 所示。

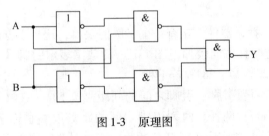

图 1-3　原理图

2. 实验（电路）图

为了用物理器件实现逻辑功能，实验前必须选择电路器件的型号、规格，了解所用芯片的引脚排列，尤其对于封装有多个单元的复合集成电路（如 74LS00 与非门内有 4 个独立的与非门），必须指定用哪个单元及其在电路中的位置等。在原理图基础上，进一步将器件型号、器件编号、集成电路的引脚编号、器件参数等标注出来而形成的电路图称之为实验图。图 1-4 是异或门的实验图，它可作为实验、产品开发调试、故障检修用图。

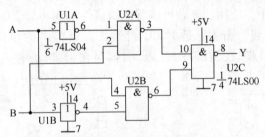

图 1-4　异或门的实验图

由图 1-4 可知，要实现图 1-2 电路的逻辑功能，可以采用两片集成电路。U1 为 74LS04（内有 6 个反相器），用了第 2、3 单元，分别用 U1A、U1B 表示。U2 为 74LS00（内有 4 个与非门），用了第 1~3 单元，分别用 U2A、U2B、U2C 表示（也可用其他方式表示，只要能区分各个单元即可）。此外还需标注出芯片电源与接地引脚的编号，可以直接在器件上标注或统一用文字说明。

3. 连线图

只反映器件间、引脚间连线关系的电路图称之为连线图，如图 1-5 所示。图 1-5 是反映图 1-4 实验图连接关系的接线图。用接线图连线非常方便，但由于接线图没有反映电路的逻辑关系，一旦电路出现故障，除了按图检查连线外，别无办法。如果电路复杂，涉及器件、连线较多，连线图绘制的工作量既大且易出错，所以实验中不采用连线图。连线图一般是对已安装好的电路（但不知连线关系）进行测绘而形成的电路图，所以常用于需要分析已有电路功能的场合。

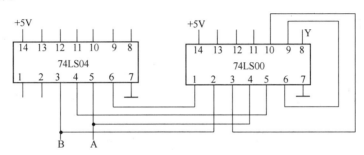

图 1-5　连线图

综上所述，实验图既能反映电路的逻辑关系，又能作为实验时接线的依据，综合了原理图与接线图的特点。一旦电路出现故障，实验者依据实验图，可以很方便地进行理论分析、故障排查、电路调试。因此电路实验及调试阶段采用的都是实验图。

1.6　数字集成电路的应用要点

1.6.1　数字集成电路使用中注意事项

在使用集成电路时，为了充分发挥集成电路的应有性能，避免损坏器件，必须注意以下问题：

1. 认真仔细查阅使用器件的相关资料

首先要根据器件手册查出要使用的集成电路的资料，注意所使用器件的引脚排列图接线，按参数表给出的参数规范使用等。使用时不得超过器件的最大额定值（如电源电压、环境温度、输出电流等），否则会损坏器件。

2. 注意电源电压的稳定性

通过电源稳压环节确保器件的工作电源的质量好，从而保证电路的稳定性。在电源的引线端并联大的滤波电容，以避免由于电源通断的瞬间而产生冲击电压。更注意不要将电源的极性接反，否则将会损坏器件。

3. 采用合适的方法焊接集成电路

在需要弯曲器件引脚引线时，不要靠近器件引脚的根部弯曲。焊接器件引脚前不允许用刀刮去引线上的镀金层。焊接器件时所用的烙铁功率不应超过 25W，焊接时间不应过长。焊接时最好选用中性焊剂。焊接后严禁将器件连同印制电路板放入有机溶液中浸泡。

4. 注意设计工艺，提高抗干扰措施

在设计印制线路板时，应避免器件引线过长，以防止窜扰和对信号传输延迟。要把电源线设计的宽些，地线要进行大面积接地，这样可减少接地噪声干扰。此外，由于电路在转换工作的瞬间会产生很大的尖峰电流，此电流峰值超过功耗电流几倍到几十倍，这会导致电源电压不稳定，产生干扰造成电路误动作。为了减小这类干扰，可以在集成电路的电源端与地端之间，并联高频特性好的去耦电容，一般在每片集成电路并联一个，电容的取值为 $30pF \sim 0.01F$；此外在电源的进线处，还应对地并联一个低频去耦电容，最好用 $10 \sim 50F$ 的钽电容。

1.6.2　TTL 集成电路使用应注意的问题

1. 正确选择电源电压

TTL 集成电路的电源电压允许变化范围比较窄，一般为 $4.5 \sim 5.5V$。在使用 TTL 集成电路时更不能将电源与地接反，否则将会因为过大电流而造成器件损坏。

2. 对输入端的处理

TTL 集成电路的各个输入端不能直接与高于 $+5.5V$ 和低于 $-0.5V$ 的低内阻电源连接。对多余的输入端最好不要悬空。虽然悬空相当于高电平，并不影响"与门、与非门"的逻辑关系，但悬空容易受到干扰，有时会造成电路的误动作。因此，多余输入端要根据实际需要作适当处理。例如"与门、与非门"的多余输入端可直接接到电源 V_{CC} 上；也可将不同的输入端共用一个电阻连接到 V_{CC} 上；或将多余的输入端并联使用。对于"或门、或非门"的多余输入端应直接接地。

特别注意：对于触发器等中规模集成电路来说，不使用的输入端不能悬空，应根据逻辑功能接入适当电平。

3. 对于输出端的处理

除"三态门、集电极开路门"外，TTL 集成电路的输出端不允许并联使用。如果将几个"集电极开路门"电路的输出端并联，实现线与功能时，应在输出端与电源之间接入一个恰当的上拉电阻（具体阻值参见理论教材中的计算公式）。

特别注意：集成门电路的输出更不允许与电源或地短路，否则可能造成器件损坏。

1.6.3　CMOS 集成电路使用应注意的问题

1. 正确选择电源电压

由于 CMOS 集成电路的工作电源电压范围比较宽（CD4000B/4500B：$3 \sim 18V$），选择电源电压时首先考虑要避免超过极限电源电压。其次要注意电源电压的高低将影响电路的工作频率。降低电源电压会引起电路工作频率下降或增加传输延迟时间。例如 CMOS 触发器，当 V_{CC} 由 $+15V$ 下降到 $+3V$ 时，其最高频率将从 10MHz 下降到几十 kHz。

此外，提高电源电压可以提高 CMOS 门电路的噪声容限，从而提高电路系统的抗干扰能力。但电源电压选得越高，电路的功耗越大。不过由于 CMOS 电路的功耗较小，功耗问题不是主要考虑的设计指标。

2. 防止 CMOS 电路出现晶闸管效应的措施

当 CMOS 电路输入端施加的电压过高（大于电源电压）或过低（小于 0V），或者电源电压突然变化时，电源电流可能会迅速增大，烧坏器件，这种现象称为晶闸管效应。预防晶闸管效应的措施主要有：

1）输入端信号幅度不能大于 V_{CC} 和小于 0V。

2）要消除电源上的干扰。

3）在条件允许的情况下，尽可能降低电源电压。如果电路工作频率比较低，用 +5V 电源供电最好。

4）对使用的电源加限流措施，使电源电流被限制在 30mA 以内。常用的电源限流电路如图 1-6 所示。

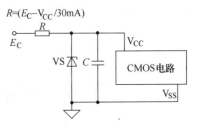

图 1-6　常用的电源限流电路

3. 对输入端的处理

在使用 CMOS 电路器件时，对输入端一般要求如下：

1）应保证输入信号幅值不超过 CMOS 电路的电源电压。即满足 $V_{SS} \leq V_I \leq V_{CC}$，一般 $V_{SS} = 0V$。

2）输入脉冲信号的上升和下降时间一般应小于几 μs，否则电路工作不稳定或损坏器件。

3）所有不用的输入端不能悬空，应根据实际要求接入适当的电压（V_{CC} 或 0V）。由于 CMOS 集成电路输入阻抗极高，一旦输入端悬空，极易受外界噪声影响，从而破坏了电路的正常逻辑关系，也可能感应静电，造成栅极被击穿。

4. 对输出端的处理

1）CMOS 电路的输出端不能直接连到一起。否则导通的 P 沟道 MOS 场效应晶体管和导通的 N 沟道 MOS 场效应晶体管形成低阻通路，造成电源短路。

2）在 CMOS 逻辑系统设计中，应尽量减少电容负载。电容负载会降低 CMOS 集成电路的工作速度和增加功耗。

3）CMOS 电路在特定条件下可以并联使用。当同一芯片上两个以上同样器件并联使用（例如各种门电路）时，可增大输出灌电流和拉电流负载能力，同样也提高了电路的速度。但器件的输出端并联，输入端也必须并联。

4）从 CMOS 器件的输出驱动电流大小来看，CMOS 电路的驱动能力比 TTL 电路要差很多，一般 CMOS 器件的输出只能驱动一个 LS-TTL 负载。但从驱动和它本身相同的负载来看，CMOS 的扇出系数比 TTL 电路大的多（CMOS 的扇出系数 ≥50）。CMOS 电路驱动其他负载，一般要外加一级驱动器接口电路。

第2章 数字电路基本实验、综合设计实验

实验1 集成门电路逻辑功能及参数测试

1. 实验目的

1) 熟悉数字电路实验箱及常用实验仪器。

2) 熟悉集成门电路的工作原理和主要参数，掌握集成门电路的测试方法。

3) 掌握集成门电路的逻辑功能及其使用方法。

2. 实验预习要求

1) 阅读本书实验附录，了解数字电路实验箱的功能和使用方法。

2) 学习集成 TTL 与非门各参数的意义及测试方法。

3) 熟悉实验所用集成门电路的逻辑功能及外部引脚排列。

3. 实验原理

（1）集成门电路外部引脚的识别

使用集成电路前，必须认真识别集成电路的引脚及其功能，确认电源、地、输入、输出、控制端的引脚号，以免因接错而损坏器件。引脚排列的一般规律为

圆形集成电路：识别时，将集成电路面向引脚正视，从定位销顺时针方向依次为引脚1、2、3、…，如图 2-1a 所示。圆形封装多用于集成运放等电路。

扁平和双列直插型集成电路：识别时，将文字、符号标记正放（一般集成电路上有一圆点或有一缺口，将圆点或缺口置于左方），由顶部俯视，从左下脚起，按逆时针方向数，依次为引脚1、2、3、…，如图 2-1b 所示。在标准型 TTL 集成电路中，电源端 V_{CC} 一般排列在左上端，接地端 GND 一般排在右下端，如图 2-1b 的 74LS00 为 14 脚芯片，14 脚为 V_{CC}，7 脚为 GND。若集成电路芯片引脚上的功能标号为 NC，则表示该引脚为空脚，与内部电路不连接。

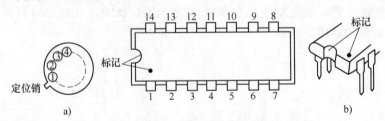

图 2-1 集成门电路外部引脚的识别

a) 圆形 b) 扁平和双列直插型

扁平型封装多用于数字集成电路，双列直插型封装广泛用于模拟和数字集成电路。

（2）门电路逻辑功能

在数字电路中，所谓"门"就是一种开关，在一定条件下，它能允许信号通过，条件不满足，信号就不能通过。门电路输入信号与输出信号之间存在一定的逻辑关系，所以门电路

又称为逻辑门电路。将若干个门电路组合起来可以构成组合逻辑电路，实现设定的逻辑功能。集成门电路主要分为 TTL 和 CMOS 两大系列，典型代表有：TTL 与非门、集电极开路（OC）门、三态（TS）门；CMOS 与非门、或非门、三态门等。这些逻辑门电路是组成数字电路最基本的单元。表 2-1 列出了常用门电路的图形符号和输入/输出之间的逻辑关系。

表 2-1　常用逻辑门的符号及真值表

名　称	与　门			或　门			非　门		与　非　门			或　非　门			异　或　门		
图形符号	A—&—F B			A—≥1—F B			A—1—F		A—&—F B			A—≥1—F B			A—=1—F B		
真值表	A	B	F	A	B	F	A	F	A	B	F	A	B	F	A	B	F
	0	0	0	0	0	0	0	1	0	0	1	0	0	1	0	0	0
	0	1	0	0	1	1	1	0	0	1	1	0	1	0	0	1	1
	1	0	0	1	0	1			1	0	1	1	0	0	1	0	1
	1	1	1	1	1	1			1	1	0	1	1	0	1	1	0
表达式	$F = A \cdot B$			$F = A + B$			$F = \overline{A}$		$F = \overline{A \cdot B}$			$F = \overline{A + B}$			$F = A \oplus B$		

（3）门电路逻辑功能的测试方法

测试门电路的逻辑功能有两种方法：

1）静态测试法：就是给门电路输入端加固定的高、低电平，用万用表、发光二极管等测输出电平。

2）动态测试法：就是给门电路输入端加一串脉冲信号，用示波器观测输入波形与输出波形的关系。

（4）门电路的逻辑变换

门电路的逻辑变换主要就是用基本逻辑门或者复合逻辑门组成其他逻辑功能的门电路。这里以与非门实现其他逻辑关系为例简要说明变换方法。

变换方法：先对其他逻辑门电路的函数表达式用摩根定理等公式变换成与非式，再画出相应逻辑图，然后用与非门实现。

4. 实验设备及器件

名　称	数　量	备　注
数字电子技术实验箱	1	
万用表	1	
TTL 与非门 74LS00	1	电阻若干

5. 实验任务

（1）TTL 与非门 74LS00 的逻辑功能测试

按图 2-2 接线，将 A、B 端分别接到两个开关上，并将不同输入状态下的输出结果记入表 2-2 中，分析测试结果是否符合与非门的逻辑功能。

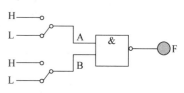

图 2-2　与非门逻辑功能测试接线图

表2-2　与非门逻辑功能真值表

输　入　端		输　出　端	
A	B	指示灯显示状态	F
0	0		
0	1		
1	0		
1	1		

（2）TTL 与非门（74LS00）参数测试

1）输出高电平 V_{oH}：与非门输出高电平 V_{oH} 是指有一输入端或全部输入端为低电平时电路的输出电压值，测试电路如图 2-3 所示。

2）输出低电平 V_{oL}：与非门输出低电平是指所有输入端均接高电平时的输出电压值，测试电路如图 2-4 所示。

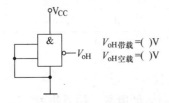

图2-3　输出高电平 V_{oH} 测试电路　　　　图2-4　输出低电平 V_{oL} 测试电路

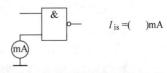

3）输入短路电流 I_{is}：输入短路电流 I_{is} 是指当某输入端接地，而其他输入端开路或接高电平时，流过该接地输入端的电流。输入短路电流 I_{is} 与输入低电平电流 I_{iL} 相差不多，一般不加以区分。按图 2-5 所示方法，在输出端空载时，将输入端经毫安表接地，可以测得输入端的输入短路电流 I_{is}。

图2-5　输入短路电流 I_{is} 测试电路

4）静态功耗：按图 2-6a 接好电路，分别测量输出低电平和高电平时的电源电流 I_{CCL} 及 I_{CCH}。于是有

$$P_o = \frac{I_{CCH} + I_{CCL}}{2} V_{CC}$$

注意：74LS00 为四与非门，测 I_{CCH}、I_{CCL} 时，4 个门的状态应相同，图 2-6a 所示测得的为 I_{CCL}。测 I_{CCH} 时，为使每一个门都输出高电平，可按图 2-6b 接线。P_o 应除以 4 得出一个门的功耗。

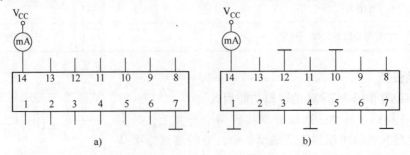

a)　　　　　　　　b)

图2-6　I_{CCL} 与 I_{CCH} 测试电路

a）I_{CCL} 测试电路　b）I_{CCH} 测试电路

5）电压传输特性的测试：电压传输特性描述的是与非门的输出电压 u_o 随输入电压 u_i 的变化情况。即 $u_o = f(u_i)$。按图 2-7 连接电路，调节电位器 RP，使输入电压、输出电压分别按表 2-3 中给定的各值变化时，测出对应的输出电压或输入电压的值填入表 2-3 中。根据测试的数值，画出电压传输特性曲线。

6）最大灌电流 I_{oLmax} 的测量：按图 2-8 接好电路，调整电位器 RP，用电压表监测输出电压 u_o，当 $U_o = 0.4V$ 时，停止改变 RP，将其从电路中断开，用万用表的电阻档测量 RP，利用公式 $I_{oLmax} = \dfrac{V_{CC} - 0.4V}{R + R_{RP}}$ 计算 I_{oLmax}，然后计算扇出系数 $N = \dfrac{I_{oLmax}}{I_{is}}$。

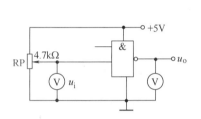
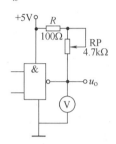

图 2-7　电压传输特性测试电路　　　　图 2-8　最大灌电流测试电路

表 2-3　电压传输特性测试数据表

u_i/V	0	0.4	0.8			2.0	2.4
u_o/V				2.4	0.4		

（3）观察与非门的控制作用

将图 2-2 中与非门的输入端 B 接至脉冲源"CP"输出端。

1）当控制端 A 输入为"0"，将输出端的状态记录在表 2-4 中。

2）当控制端 A 输入为"1"，将输出端的状态记录在表 2-4 中。

表 2-4　与非门的控制作用

输　入　端		输　出　端	
A	B	指示灯显示状态	F
0	CP		
1	CP		

（4）与非门组成其他门电路并测试验证

用与非门实现与门、非门、或门、或非门、异或门的逻辑关系。

要求：①写出转换表达式；②画出逻辑电路图并进行逻辑功能测试。

6. 实验报告要求

1）按照要求记录实验结果。

2）分析实验现象和实验结果。

7. 回答问题

1）怎样判断门电路的逻辑功能是否正常？

2）与非门的一个输入端接连续脉冲，其余端是什么状态时允许脉冲通过？其余端是什么状态时禁止脉冲通过？

3）通过实验分析，总结 TTL 门电路多余输入端的处理方法。

实验 2　TTL 集电极开路门与三态门的应用

1. 实验目的

1）掌握 TTL 集电极开路门（OC 门）的逻辑功能及应用。

2）了解集电极负载电阻 R_L 对集电极开路门的影响。

3）掌握 TTL 三态门（TSL 门）的逻辑功能及应用。

2. 实验预习要求

1）复习 TTL 集电极开路门和三态门工作原理。

2）计算实验中各 R_L 阻值，并从中确定实验所用 R_L 值（选标称值）。

3）画出用 OC 与非门实现实验内容的逻辑图。

3. 实验原理

数字系统中有时需要把两个或两个以上集成逻辑门的输出端直接并联在一起完成一定的逻辑功能。对于普通的 TTL 门电路，由于输出级采用了推拉式输出电路，无论输出是高电平还是低电平，输出阻抗都很低。因此，通常不允许将它们的输出端并联在一起使用。

集电极开路门和三态输出门是两种特殊的 TTL 门电路，它们允许把输出端直接并联在一起使用。

（1）TTL 集电极开路门（OC 门）

本实验所用 OC 与非门型号为 74LS03，内部逻辑图及引脚排列如图 2-9a、b 所示。OC 与非门的输出管 VT_3 是悬空的，工作时，输出端必须通过一只外接电阻 R_L 和电源 E_C（见图 2-10）相连接，以保证输出电压符合电路要求。

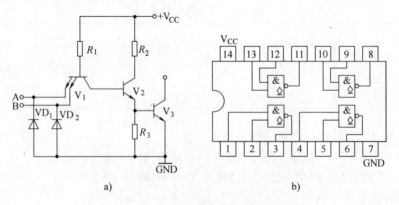

a)　　　　　　　　　　　　　　b)

图 2-9　74LS03 内部逻辑图及引脚排列图

a) 74LS03 内部逻辑图　b) 74LS03 引脚排列图

OC 门的应用主要体现在以下 3 个方面：

1）利用电路的"线与"特性方便地完成某些特定的逻辑功能。

如图 2-10 所示，将两个 OC 与非门输出端直接并联在一起，则它们的输出

$$F = F_A \cdot F_B = \overline{A_1 A_2} \cdot \overline{B_1 B_2} = \overline{A_1 A_2 + B_1 B_2}$$

即把两个（或两个以上）OC 与非门"线与"可完成"与或非"的逻辑功能。

2）实现多路信号采集，使两路以上的信息共用一个传输通道（总线）。

3）实现逻辑电平的转换，以推动荧光数码管、继电器、MOS 器件等多种数字集成电路。

OC 门输出并联应用时负载电阻 R_L 的选择如下：

图 2-11 所示电路由 n 个 OC 与非门"线与"驱动有 m 个输入端的 N 个 TTL 与非门，为保证 OC 与非门输出电平符合逻辑要求，负载电阻 R_L 阻值的选择范围为

$$R_{Lmax} = \frac{E_C - U_{oH}}{n I_{oH} + m I_{iH}}; \qquad R_{Lmin} = \frac{E_C - U_{oL}}{I_{oLmax} + N I_{iL}}$$

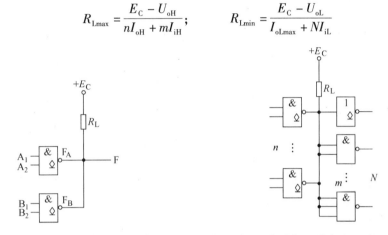

图 2-10　OC 门线与应用　　　　图 2-11　OC 与非门"线与"驱动 TTL 与非门

式中　　I_{oH}——OC 门输出管截止时（输出高电平 U_{oH}）的漏电流（约 50μA）；

I_{oLmax}——OC 门输出低电平 U_{oL} 时，允许最大灌入负载电流（约 20mA）；

I_{iH}——负载门高电平输入电流（<50μA）；

I_{iL}——负载门低电平输入电流（<1.6mA）；

n——OC 门个数；

N——负载门个数；

m——接入电路的负载门输入端总个数。

R_L 值须小于 R_{Lmax}，否则 U_{oH} 将下降，R_L 值须大于 R_{Lmin}，否则 U_{oH} 将上升，又 R_L 的大小会影响输出波形的边沿时间，在工作速度较高时，R_L 应尽量选取接近 R_{Lmin}。

除了 OC 与非门外，还有其他类型的 OC 器件，R_L 的选择方法也与此雷同。

（2）TTL 三态输出门（TSL 门）

TTL 三态输出门是一种特殊的门电路，它与普通的 TTL 门电路结构不同，它的输出端除了通常的高电平、低电平两种状态外（这两种状态均为低阻状态），还有第三种输出状态——高阻状态，处于高阻状态时，电路与负载之间相当于开路。图 2-12 是三态输出四总线缓冲器的逻辑符号，它有一个控制端（又称禁止端或使能端）$\overline{E}$，$\overline{E} = 0$ 为正常工作状态，实现 $Y = \overline{A}$ 的逻辑功能；$\overline{E} = 1$ 为禁止状态，输出 Y 呈现高阻状态。这种在控制端加低电平时电路才能正常工作的方式称低电平使能。

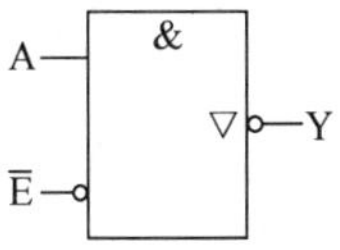

图 2-12　三态门
逻辑符号

三态输出门接逻辑功能及控制方式分有各种不同类型，在实验中所用三态门的型号是74LS125（三态输出四总线缓冲器），图 2-13 是它的引脚排列。表 2-5 为其功能表。

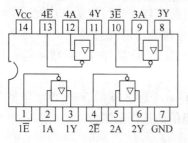

图 2-13　74LS125 三态门引脚排列

表 2-5　74LS125 三态门功能表

输	入	输 出
$\bar{E}$	A	Y
0	0	0
	1	1
1	0	高阻态
	1	

三态电路主要用途之一是实现总线传输，即用一个传输通道（称总线），以选通方式传送多路信息。如图 2-14 所示，电路把若干个三态 TTL 电路输出端直接连接在一起构成三态门总线，使用时，要求只有需要传输信息的三态控制端处于使能态（$\bar{E}=0$）其余各门皆处于禁止状态（$\bar{E}=1$）。由于三态门输出电路结构与普通 TTL 电路相同。显然，若同时有两个或两个以上三态门的控制处于使能态，将出现与普通 TTL 门"与线"运用时同样的问题，因而是绝对不允许的。

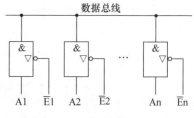

图 2-14　三态门实现总线传输

4. 实验设备及器件

名　　称	数　量	备　注
数字电子技术实验箱	1	
直流电压表	1	
示波器	1	
74LS03，74LS125，74LS04	各 1	电阻若干

5. 实验任务

（1）TTL 集电极开路与非门 74LS03 负载电阻 R_L 的确定

用两个集电极开路与非门"线与"来驱动一个 TTL 非门（74LS04 非门引脚排列如图 2-15 所示）。负载电阻由一个 200Ω 电阻和一个 $20k\Omega$ 电位器串联而成，取 $E_o=5V$，$U_{oH}=3.5V$，$U_{oL}=0.3V$，按图 2-16 连接实验电路。接通电源，用逻辑开关改变两个 OC 门的输入

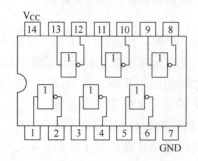

图 2-15　TTL 非门 74LS04 引脚排列

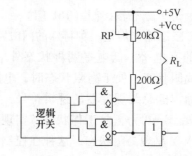

图 2-16　负载电阻 R_L 测定电路

状态，先使 OC 门"线与"输出高电平，调节 RP 使 $U_{oH} = 3.5V$，测得此时的 R_L 即为 R_{Lmax}，再使电路输出低电平 $U_{oL} = 0.3V$，测得此时的 R_L 即为 R_{Lmin}。

（2）集电极开路门的应用

1）用 OC 门实现 $F = \overline{AB} + CD + \overline{EF}$

实验时输入变量允许用原变量和反变量，外接负载电阻 R_L 自取合适的值。

2）用 OC 门实现异或逻辑。

3）用 OC 电路作 TTL 电路驱动 CMOS 电路的接口电路，实现电平转换。其电平转换电路如图 2-17 所示。

① 在电路输入端 A 加不同的逻辑电平值，用数字电压表测量集电极开路与非门及 CMOS 与非门的输出电平值。

② 在电路输入端 A 加 1kHz 方波信号，用示波器观察集电极开路与非门及 CMOS 与非门的输出电压波形幅值的变化。

（3）三态输出门

1）测试 74LS125 三态输出门的逻辑功能：测试电路如图 2-18 所示，图中 A、B 和 C 是电平开关输出，拨动电平开关，观察发光二极管的情况，记录实验结果。

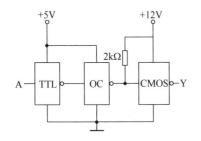

图 2-17　电平转换电路

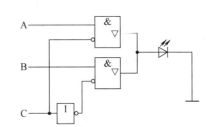

图 2-18　三态门逻辑功能测试电路

2）三态输出门的应用：将 4 个三态缓冲器按图 2-19 接线，输入端按图示加输入信号，控制端接逻辑开关，输出端接电平指示器，先使 4 个三态门的控制端均为高电平"1"，即处于禁止状态，方可接通电源，然后轮流使其中一个门的控制端接低电平"0"，观察总线的逻辑状态。注意，应先使工作的三态门转换到禁止状态，再让另一个门开始传递数据。记录实验结果。

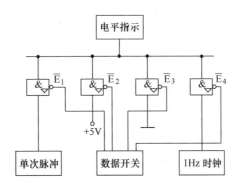

图 2-19　三态输出门的应用

6. 实验报告要求

1）画出实验电路图，并标明有关外接元件值。

2）整理分析实验结果，总结集电极开路门和三态输出门的优缺点。

7. 回答问题

1）三态门构成数据总线时，能否在某一时刻有两个三态门的控制端为低电平？

2）在使用总线传输数据时，总线上能不能同时接有 OC 门与三态输出门？为什么？

实验 3　利用 SSI 设计组合逻辑电路

1. 实验目的

1）掌握组合逻辑电路的设计方法。

2）熟悉集成组合电路芯片的逻辑功能及使用方法。

2. 实验预习要求

1）复习组合逻辑电路的设计方法。

2）根据实验任务与要求，独立设计电路。

3）熟悉本次实验所用集成门电路的引脚及其功能。

3. 实验原理

在数字系统中，按逻辑功能的不同，可将数字电路分为两类，即组合逻辑电路和时序逻辑电路。组合逻辑电路在任何时刻的稳定输出仅取决于该时刻电路的输入，而与电路原来的状态无关。

用 SSI 进行组合逻辑电路设计的一般步骤是：

1）根据设计要求，定义输入逻辑变量和输出逻辑变量，然后列出真值表；

2）利用卡诺图或公式法得出最简逻辑表达式，并根据设计要求所指定的门电路或选定的门电路，将最简逻辑表达式变换为与所指定门电路相应的形式；

3）画出逻辑图；

4）用逻辑门或组件构成实际电路，最后测试验证其逻辑功能。

掌握组合逻辑电路的设计方法，能让我们具有丰富的逻辑思维，通过逻辑设计将许多实际问题变为现实。

4. 实验设备及器件

名　称	数　量	备　注
数字电子技术实验箱	1	
74LS00，74LS20，74LS86	各 1	

5. 设计举例

用与非门设计一个 A、B、C 3 人表决电路。

设：A、B、C 为输入变量，F 为输出结果。变量取值为 1 表示赞成，取值为 0 表示反对。F 为 1 表示通过，为 0 表示反对。

1）列真值表

A	B	C	F
0	0	0	0
0	0	1	0
0	1	0	0
0	1	1	1
1	0	0	0
1	0	1	1
1	1	0	1
1	1	1	1

2）输出逻辑函数化简与变换：根据真值表，用卡诺图或者代数法进行化简得

$$F = AB + BC + CA$$

经两次求反，即得两级"与非"表达式

$$F = \overline{\overline{AB + BC + CA}} = \overline{\overline{AB}\ \overline{BC}\ \overline{CA}}$$

3）画逻辑图：根据表达式，三人表决电路用与非门组成的逻辑电路如图 2-20 所示。

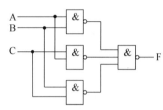

图 2-20　三人表决电路

4）验证电路逻辑功能：按图接线，A、B、C 分别接相应开关，F 接指示灯，观察输入、输出状态。

6. 实验任务（下列实验内容任选两个）

1）用 TTL 四 2 输入与非门（74LS00）、二 4 输入与非门（74LS20）设计数字密码锁控制电路，如图 2-21 所示。设计要求：A、B、C、D 为密码信号输入端，E 为控制信号输入端，Z_1 为开锁信号，Z_2 为报警信号。当控制信号 E = 1 时：如果密码正确，则开锁；如果密码错误，则报警；E = 0 时，既不开锁也不报警。

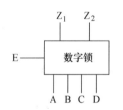

图 2-21　数字锁电路

2）用四 2 输入异或门（74LS86）和四 2 输入与非门（74LS00）设计一个 1 位全减器。

设计要求：A_i、B_i、C_i 分别为被减数、减数、低位向本位的借位；S_i、C_{i+1} 分别为本位差、本位向高位的借位。

3）用与非门设计血型配对电路（判断输血者与受血者的血型符合规定的电路）。

设计要求：

人类有 4 种基本血型：A、B、AB、O 型。输血者与受血者的血型必须符合下述原则：O 型血可以输给任意血型的人，但 O 型血的人只能接受 O 型血；AB 型血只能输给 AB 型血的人，但 AB 血型的人能接受所有血型的血；A 型血能给 A 型与 AB 型血的人，而 A 型血的人能接受 A 型与 O 型血；B 型血能给 B 型与 AB 型血的人，而 B 型血的人能接受 B 型与 O 型血。试设计一个检验输血者与受血者血型是否符合上述规定的逻辑电路，如果符合规定，输出高电平（提示：电路只需要 4 个输入端，它们组成一组二进制数码，每组数码代表一对输血与受血的血型对。）

约定："00"代表"O"型；

　　　　"01"代表"A"型；

　　　　"10"代表"B"型；

"11" 代表 "AB" 型。

7. 实验报告要求

1）写出设计步骤与电路工作原理。

2）分析实验结果。

3）总结实验过程中出现的故障和排除故障的方法。

8. 电路功能验证

（1）数字密码锁

控制信号	密码	开锁信号	报警信号
E	A B C D	Z_1	Z_2
1	1 1 1 1		
0	× × × ×		
1	0 1 1 1		
1	1 0 1 1		
1	1 1 0 1		
1	1 1 1 0		

（2）全减器电路

A_i	B_i	C_i	S_i	C_{i+1}
0	0	0		
0	0	1		
0	1	0		
0	1	1		
1	0	0		
1	0	1		
1	1	0		
1	1	1		

（3）血型配对电路

供血者	受血者	配对结果	供血者	受血者	配对结果
MN	PQ	F	MN	PQ	F
0 0	0 0		1 0	0 0	
	0 1			0 1	
	1 0			1 0	
	1 1			1 1	
0 1	0 0		1 1	0 0	
	0 1			0 1	
	1 0			1 0	
	1 1			1 1	

9. 回答问题

在进行组合逻辑电路设计时，什么是最佳设计方案？

实验 4　利用 MSI 设计组合电路

1. 实验目的

1）掌握常用集成组合电路的应用。

2）掌握数据选择器、译码器的工作原理和特点。

3）熟悉集成数据选择器、译码器的逻辑功能和引脚排列。

2. 预习要求

1）复习数据选择器、译码器的工作原理。

2）画好实验用逻辑电路图。

3）熟悉集成数据选择器、译码器的引脚排列及其逻辑功能。

3. 实验原理

（1）数据选择器

数据选择器又叫多路开关，集成数据选择器可以根据地址码的要求，从多路信号中选择其中一路为输出，它有 "4 选 1"、"8 选 1"、"16 选 1" 等多种类型。数据选择器的应用很广，可实现任何形式的逻辑函数，也可组成数码比较器等。在计算机数字控制装置和通信系统中，应用数据选择器可以方便地将并行数据转换成串行数据。

1）双 4 选 1 数据选择器 74LS153：逻辑符号如图 2-22 所示，功能表如表 2-6 所示，其中：A_0、A_1 为地址信号输入端；$D_{10} \sim D_{13}$，$D_{20} \sim D_{23}$ 为数据输入端；$\overline{1S}$、$\overline{2S}$ 为选通端，低有效；F_1、F_2 为数据输出端。

表 2-6　74LS153 4 选 1 数据选择器功能表

输　　入							输　　出
选 通 端	选 择 端		数 据 端				
$\overline{S}$	A_1	A_0	D_3	D_2	D_1	D_0	F
1	×	×	×	×	×	×	0
0	0	0	×	×	×	0	0
0	0	0	×	×	×	1	1
0	0	1	×	×	0	×	0
0	0	1	×	×	1	×	1
0	1	0	×	0	×	×	0
0	1	0	×	1	×	×	1
0	1	1	0	×	×	×	0
0	1	1	1	×	×	×	1

2）8 选 1 数据选择器 74LS151：逻辑符号如图 2-23 所示，功能表如表 2-7 所示。其中 A_2、A_1、A_0 为地址端；$D_0 \sim D_7$ 为数据输入端；$\overline{G}$ 为选通端，低有效；Y 为输出端。

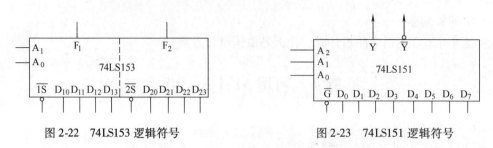

图 2-22　74LS153 逻辑符号　　　　　　图 2-23　74LS151 逻辑符号

表 2-7　74LS151 8 选 1 数据选择器功能表

输　入				输　出	
$\overline{G}$	A_2	A_1	A_0	Y	$\overline{Y}$
1	×	×	×	0	1
0	0	0	0	D_0	$\overline{D}_0$
0	0	0	1	D_1	$\overline{D}_1$
0	0	1	0	D_2	$\overline{D}_2$
0	0	1	1	D_3	$\overline{D}_3$
0	1	0	0	D_4	$\overline{D}_4$
0	1	0	1	D_5	$\overline{D}_5$
0	1	1	0	D_6	$\overline{D}_6$
0	1	1	1	D_7	$\overline{D}_7$

3）用数据选择器实现组合逻辑函数

① 选择器输出为标准与或式，含地址变量的全部最小项。例如 4 选 1 数据选择器输出如下：

$$Y = \overline{A}_1\overline{A}_0D_0 + \overline{A}_1A_0D_1 + A_1\overline{A}_0D_2 + A_1A_0D_3$$

任何组合逻辑函数都可以表示成为最小项之和的形式，故可用数据选择器实现。N 个地址变量的数据选择器，不需要增加门电路最多可实现 $N+1$ 个变量的逻辑函数。

② 设计方法

a）写出任意组合逻辑函数的标准与或式，以及数据选择器输出的通用表达式。

b）对照上述两个表达式比较确定选择器各输入端变量的表达式。

c）根据采用的数据选择器和选择器各输入端的表达式画出连线图。

（2）变量译码器

所谓译码，就是把代码的特定含义"翻译"出来的过程，而实现译码操作的电路称为译码器。译码器可分为 3 类：变量译码器、码制变换译码器和显示译码器。

变量译码器又称二进制译码器，用以表示输入变量的状态。对应于输入的每一组二进制代码，译码器都有确定的一条输出线有信号输出。若有 n 个输入变量，则有 2^n 个不同的组合状态，就有 2^n 个输出端。而每一个输出所代表的函数对应于 n 个输入变量的最小项。

1）3-8 线译码器 74LS138：逻辑符号如图 2-24 所示，逻辑功能　　图 2-24　74LS138 逻辑符号如表 2-8 所示。其中 A_2、A_1、A_0 为地址输入端；$\overline{Y}_0 \sim \overline{Y}_7$ 为输出端，低电平有效；ST_A、$\overline{ST}_B$、$\overline{ST}_C$ 为选通端；当 $ST_A = 1$，$\overline{ST}_B + \overline{ST}_C = 0$ 时，执行正常的译码操作。

表 2-8　74LS138 译码器功能表

输　入					输　出							
ST_A	$\overline{ST}_B + \overline{ST}_C$	A_2	A_1	A_0	$\overline{Y}_0$	$\overline{Y}_1$	$\overline{Y}_2$	$\overline{Y}_3$	$\overline{Y}_4$	$\overline{Y}_5$	$\overline{Y}_6$	$\overline{Y}_7$
×	1	×	×	×	1	1	1	1	1	1	1	1
0	×	×	×	×	1	1	1	1	1	1	1	1
1	0	0	0	0	0	1	1	1	1	1	1	1
1	0	0	0	1	1	0	1	1	1	1	1	1
1	0	0	1	0	1	1	0	1	1	1	1	1
1	0	0	1	1	1	1	1	0	1	1	1	1
1	0	1	0	0	1	1	1	1	0	1	1	1
1	0	1	0	1	1	1	1	1	1	0	1	1
1	0	1	1	0	1	1	1	1	1	1	0	1
1	0	1	1	1	1	1	1	1	1	1	1	0

2）用译码器实现组合逻辑函数。设计方法：

① 写出函数的最小项表达式。

② 把对应函数所含最小项的译码器的输出，相与非（译码器是低电平输出）或者相或（译码器是高电平输出）即可得到相应的逻辑函数。

4. 实验设备及器件

名　称	数　量	备　注
数字电子技术实验箱	1	
74LS00，74LS138，74LS153，74LS151	各 1	

5. 设计举例

1）用双 4 选 1 数据选择器（74LS153）实现全加器。全加器模型如图 2-25 所示。

A_i	B_i	C_{i-1}	S_i	C_i
0	0	0	0	0
0	0	1	1	0
0	1	0	1	0
0	1	1	0	1
1	0	0	1	0
1	0	1	0	1
1	1	0	0	1
1	1	1	1	1

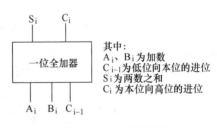

其中：
A_i、B_i 为加数
C_{i-1} 为低位向本位的进位
S_i 为两数之和
C_i 为本位向高位的进位

图 2-25　全加器模型

$$S_i = \overline{A}_i \overline{B}_i C_{i-1} + \overline{A}_i B_i \overline{C}_{i-1} + A_i \overline{B}_i \overline{C}_{i-1} + A_i B_i C_{i-1}$$
$$= (\overline{A}_i \overline{B}_i) C_{i-1} + (\overline{A}_i B_i) \overline{C}_{i-1} + (A_i \overline{B}_{i-1}) \overline{C}_{i-1} + (A_i B_i) C_{i-1}$$
$$= m_0 C_{i-1} + m_1 \overline{C}_{i-1} + m_2 \overline{C}_{i-1} + m_3 C_{i-1}$$
$$= m_0 D_0 + m_1 D_1 + m_2 D_2 + m_3 D_3$$
$$C_i = \overline{A}_i B_i C_{i-1} + A_i \overline{B}_i C_{i-1} + A_i B_i \overline{C}_{i-1} + A_i B_i C_{i-1}$$

$$= \overline{A_i}\,\overline{B_i} \cdot 0 + (\overline{A_i}B_i)C_{i-1} + (A_i\overline{B_i})C_{i-1} + (A_iB_i) \cdot 1$$
$$= m_0 \cdot 0 + m_1 C_{i-1} + m_2 C_{i-1} + m_3 \cdot 1$$
$$= m_0 D_0 + m_1 D_1 + m_2 D_2 + m_3 D_3$$

74LS153 实现的全加器逻辑图如图 2-26 所示。

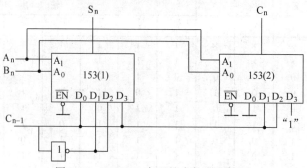

图 2-26　74LS153 实现的全加器逻辑图

2）用 3-8 线译码器 74LS138 实现全加器。

由真值表得，$S_i = \sum m(1,2,4,7)$，$C_i = \sum m(3,5,6,7)$，画出全加器逻辑图如图 2-27 所示。

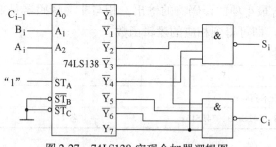

图 2-27　74LS138 实现全加器逻辑图

6. 实验任务

1）分别用 74LS138 译码器、74LS151 8 选 1 数据选择器及少量的门电路设计血型配对电路，要求同实验 2。

2）分别用 74LS138 译码器、74LS153 双 4 选 1 数据选择器及少量的门电路设计一位全减器电路。

3）分别用 74LS138 译码器、74LS151 8 选 1 数据选择器及少量的门电路设计数字密码锁。

4）应用 74LS151 和 74LS138 设计一个 8 位数据传输电路。其功能是能将 8 个输入数据中的任何一个传送到 8 个输出端中的任何一个输出端。

实验要求（采用 EWB 软件仿真）：

1）用 74LS138 译码器，输入用逻辑字发生器，输出用指示灯。

2）用 74LS153 和 74LS151 数据选择器，输入用逻辑字发生器，输出用逻辑分析仪。

7. 实验报告要求

1）写出设计步骤与电路工作原理。

2）分析实验结果，总结实验过程中出现的故障和排除故障的方法。

8. 回答问题

1) 在 EWB 中 74LS138 地址端高低位是如何排列的?

2) 用 74LS153 实现全减器时, 若地址端的高位和低位用错, 将出现什么现象? 写出错误的输出。

3) 使用逻辑字发生器和逻辑分析仪时的设置步骤是什么?

4) 逻辑字发生器的输出频率和逻辑分析仪的采样时钟的设置如何配合?

实验 5　集成触发器及其应用

1. 实验目的

1) 掌握触发器功能的测试方法。

2) 掌握集成 D 触发器和 JK 触发器的逻辑功能及使用方法。

3) 熟悉触发器的相互转换方法。

4) 熟悉用触发器构成时序电路的方法。

2. 实验预习要求

1) 复习触发器的工作原理。

2) 设计电路并画好逻辑电路图。

3) 熟悉实验中所用集成触发器的引脚排列和逻辑功能。

3. 实验原理

(1) 集成触发器

触发器是具有记忆功能能存储数字信息的最常用的一种基本单元电路, 是构成时序逻辑电路的基本逻辑部件。触发器具有两个稳定的状态: 0 状态和 1 状态; 在适当触发信号作用下, 触发器的状态发生翻转, 即触发器可由一个稳态转换到另一个稳态。当输入触发信号消失后, 触发器翻转后的状态保持不变 (记忆功能)。

(2) 触发器类型

根据电路结构和功能的不同, 触发器有 RS 触发器、D 触发器、JK 触发器、T 触发器、T′触发器等类型。表 2-9 列出了常用触发器的逻辑功能表示方法。

表 2-9　几种常用触发器的符号及状态表

名　　称	基本 RS 触发器			钟控 RS 触发器			JK 触发器			D 触发器	
符号											
状态表	$\overline{R_D}$	$\overline{S_D}$	Q^{n+1}	R	S	Q^{n+1}	J	K	Q^{n+1}	D	Q^{n+1}
	0	0	不定	0	0	Q^n	0	0	Q^n	0	0
	0	1	0	0	1	1	0	1	0	1	1
	1	0	1	1	0	0	1	0	1		
	1	1	Q^n	1	1	不定	1	1	$\overline{Q^n}$		

对表2-9 的几点说明：

1）表中的 $\overline{R_D}$、$\overline{S_D}$ 端称为触发器的异步输入端，可使触发器直接置"0"和直接置"1"，均是低电平起作用，置"0"或置"1"后，$\overline{R_D}$、$\overline{S_D}$ 均应恢复到高电平。

2）逻辑符号的 C 端，称为 CP 脉冲（矩形脉冲）输入端。在 CP 脉冲作用下，触发器的状态才会改变。图上的小圆圈表示脉冲下降沿起作用，无小圆圈表示脉冲上升沿起作用。

3）逻辑符号的框内 CP 端处有动态输入"〉"号表示为边沿触发器，没有"〉"号表示为电平触发器。边沿触发器是指在输入信号作用下，CP 的有效边沿到来时刻触发器状态才有可能变化，在 CP 维持高电平或低电平期间，触发器状态始终不变；电平触发则是指在输入信号作用下，CP 在有效电平期间触发器状态都有可能变化。

4）Q^n 表示 CP 脉冲起作用之前触发器的状态，可称为现态；Q^{n+1} 表示 CP 脉冲作用后的状态，称为次态。

为了正确使用触发器，不仅要掌握触发器的逻辑功能，还应注意触发器对触发信号 CP 脉冲与控制输入信号之间互相配合的要求。

（3）触发器类型转换

集成触发器的主要产品是 D 触发器和 JK 触发器，其他功能的触发器可由 D、JK 触发器进行转换。将 D 触发器的 D 端连到其输出端 $\overline{Q}$，就构成 T′ 触发器。将 JK 触发器的 J、K 端连在一起输入信号，就构成 T 触发器；J、K 端连在一起输入高电平（或悬空），就构成 T′ 触发器。转换后的触发器其触发沿和工作方式不变。

4. 实验设备及器件

名　称	数　量	备　注
数字电子技术实验箱	1	
74LS20，74LS74，74LS112	各 1	

5. 设计举例

例：用 74LS74 双 D 触发器实现 3 人智力抢答器。

设计要求：

1）设置一个主持人开关和 3 个人抢答开关。

2）按下主持人开关，个人指示灯灭，并解除对抢答人的封锁。

3）按下个人开关，自身的指示灯亮，同时封锁其他人抢答。

分析：

1）需要记忆功能电路，可以采用触发器构成。

2）抢答信号输出，可以利用声、光报警。

3）触发器可利用的输入端：①时钟输入端 CP；②触发输入端 D；③异步输入端 $\overline{R_D}$、$\overline{S_D}$。

参考电路如图2-28 所示。

图2-28 利用时钟脉冲输入端 CP 作为个人抢答输入端，异步清零端 $\overline{R_D}$ 作为主持人控制端 K。当 K 输入一负脉冲后，触发器输出端直接清零，个人指示灯灭，并解除对抢答人的封锁。

6. 实验任务

（1）测试 74LS74 双 D 触发器的逻辑功能

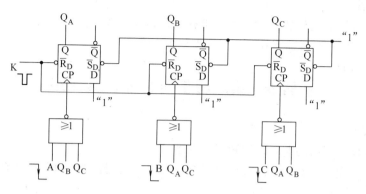

图 2-28　3 人智力抢答器参考电路

将 74LS74 的 V_{CC} 端接 " + 5V"，GND 端接 "地"。任选其中一个 D 触发器，将 $\overline{S}_D$、$\overline{R}_D$、D 分别接至实验箱的逻辑开关上，将 Q、$\overline{Q}$ 端接至实验箱的指示灯上，C 端接单次脉冲（可用开关控制）。按表 2-10 的内容验证 D 触发器的功能，并记录结果。

表 2-10　D 触发器功能表

输　　　入	输　　　出	
D	Q^{n+1}	$\overline{Q^{n+1}}$
0		
1		

（2）测试 74LS112 双 JK 触发器的逻辑功能

将 74LS112 的 V_{CC} 端接 " + 5V"，GND 端接 "地"。任选其中一个 JK 触发器，将 $\overline{S}_D$、$\overline{R}_D$、J、K 分别接至实验箱的逻辑开关上，将 Q、$\overline{Q}$ 端接至实验箱的指示灯上，C 端接脉冲。按表 2-11 的内容验证 JK 触发器的功能，将结果填入表 2-11 中。

表 2-11　JK 触发器功能表

输　　　入		输　　　出	
J	K	Q^{n+1}	$\overline{Q^{n+1}}$
0	0		
0	1		
1	0		
1	1		

（3）用其他 3 种方法自行设计抢答器，并阐述其工作原理。

（4）用 D 触发器 74LS74 设计一个序列信号产生电路（m = 111100010011010），要求具有自启动功能。

7. 实验报告要求

1）画出标准的逻辑电路图。

2）写出设计步骤与电路工作原理。

3）分析实验结果。

4）总结实验过程中出现的故障和排除故障的方法。

8. 回答问题

1）对任务（3），比较所设计的 3 种抢答电路的优、缺点。

2）在设计电路中触发器未用的 $\overline{R_D}$ 端和 $\overline{S_D}$ 端如何处理？

实验 6　集成移位寄存器及其应用

1. 实验目的

1）了解移位寄存器的电路结构和工作原理。

2）掌握中规模集成电路双向移位寄存器 74LS194 的逻辑功能和使用方法。

2. 实验预习要求

1）复习移位寄存器的工作原理。

2）熟悉实验中所用移位寄存器集成电路的引脚排列和逻辑功能。

3）画好实验用逻辑电路图，写出工作原理。

3. 实验原理

寄存器是用来暂存数码的逻辑器件。具有移位逻辑功能的寄存器称为移位寄存器，移位功能是每位触发器的输出与下一级触发器的输入相连而形成的，它可以存储或延迟输入/输出信息，也可以用来把串行的二进制数转换为并行的二进制数（串并转换）或相反（并串转换）；在计算机电路中还应用移位寄存器来实现二进制的乘 2 和除 2 功能。

中规模集成移位寄存器 74LS194 具有左右移位、清零、数据并行输入/并行输出、串行输出等多种功能的 4 位移位寄存器。74LS194 集成移位寄存器的逻辑符号如图 2-29 所示，功能表如表 2-12 所示。在表 6-1 中：

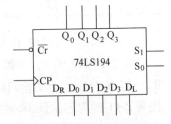

图 2-29　74LS194 集成移位寄存器的逻辑符号

CP 为移位脉冲输入端，上升沿有效；

$D_3 \sim D_0$ 为并行数码输入端；$Q_3 \sim Q_0$ 为并行数码输出端；

D_L、D_R 为左移、右移串行数码输入端；

S_1、S_0 为工作方式控制端；

$\overline{Cr}$ 为异步清零端，低电平有效。

表 2-12　74LS194 功能表

序号	输入											输出				说明
	清零 $\overline{Cr}$	时钟 CP	控制 S_1	S_0	串行输入 D_L	D_R	并行输入 D_3	D_2	D_1	D_0		Q_3	Q_2	Q_1	Q_0	功能
1	0	×	×	×	×	×	×	×	×	×		0	0	0	0	清除
2	1	1	×	×	×	×	×	×	×	×		Q_3	Q_2	Q_1	Q_0	保持
3	1	↑	1	1	×	×	D_3	D_2	D_1	D_0		D_3	D_2	D_1	D_0	并行置数
4	1	↑	1	0	1	×	×	×	×	×		Q_2	Q_1	Q_0	1	串入左移
5	1	↑	1	0	0	×	×	×	×	×		Q_2	Q_1	Q_0	0	串入左移
6	1	↑	0	1	×	1	×	×	×	×		1	Q_3	Q_2	Q_1	串入右移
7	1	↑	0	1	×	0	×	×	×	×		0	Q_3	Q_2	Q_1	串入右移
8	1	↑	0	0	×	×	×	×	×	×		Q_3	Q_2	Q_1	Q_0	保持

由表 2-12 可知主要功能如下：

1）清除功能：当 $Cr = 0$ 时，不管其他输入为何状态，输出 $Q_0 \sim Q_3$ 全为 0 状态。

2）保持功能：当 $\overline{CP} = 1$，$\overline{Cr} = 1$ 时，其他输入为任意状态，输出状态保持不变；或 $Cr = 1$，$S_1 S_0 = 00$ 时，其他输入为任意状态，输出状态保持原状态不变。

3）置数功能：$Cr = 1$，$S_1 S_0 = 11$，在 CP 脉冲上升沿作用下，将数据输入端数据 D_0、D_1、D_2、D_3 并行置入寄存器，为同步置数。

4）右移功能：$\overline{Cr} = 1$，$S_1 S_0 = 01$，在 CP 脉冲上升沿作用下，实现右移操作，此时 D_R 端输入的数据依次向 Q_0 移位。

5）左移功能：$\overline{Cr} = 1$，$S_1 S_0 = 10$，在 CP 脉冲上升沿作用下，实现左移操作，D_L 端输入的数据依次向 Q_3 移位。

4. 实验设备及器件

名　称	数　量	备　注
数字电子技术实验箱	1	
74LS194，74LS74，74LS08	各 1	

5. 设计举例

例：用一片 74LS194 双向移位寄存器，实现 4 位彩灯双向移动控制电路。其电路图如图 2-30 所示。

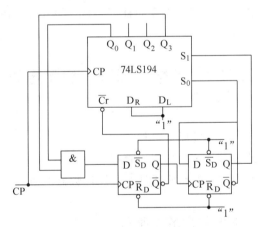

图 2-30　4 位彩灯双向移动控制电路图

6. 实验任务（下列任务任选两个）

（1）用双向移位寄存器 74LS194 设计 8 位彩灯双向移动控制电路。要求如下：

1）多位彩灯能从左→右及从右→左依次点亮。

2）多位彩灯亮后能自动熄灭。

3）能自动转换移动方向。

（2）用移位寄存器 74LS194 设计 4 位二进制数据串行加法电路（$J_A + J_B \rightarrow J_C$）。要求如下：

1）用 1 位全加器完成 4 位二进制数相加。

2）被加数、加数存放于移位寄存器中，低位 Q_0 串行输出。

3）最终和从高位 Q_3 串行输入。

（3）应用 74LS194 设计一个 4 位环形计数器，其要求如下：

1）写明设计方案。

2）画出状态转换图。

3）写出功能表，表格自拟。

4）画出接线图。

5）实验验证其逻辑功能（输出接发光二极管）。

7. 实验报告要求

1）画出标准的逻辑电路图。

2）写出设计步骤与电路工作原理。

8. 回答问题

（1）在 8 位彩灯控制电路中：

1）一个完整周期需要几个 CP？

2）在你设计的电路中 CP_8、CP_9、CP_{10}、CP_{11} 的作用各是什么？

3）CP 脉冲和逻辑分析仪如何配合使用，应注意什么？

（2）在 4 位二进制数串行加法控制电路中：

1）得到两数之和需几个 CP，而后又在几个 CP 作用下使结果为 0，为什么？

2）如何将你设计的电路，改变成相反的移动方向，两数之和的低位从 $Q_0 \sim Q_3$ 哪个端输出？

实验 7　计数、译码、显示电路

1. 实验目的

1）熟悉数字电路计数、译码及显示过程。

2）熟悉中规模集成计数器的结构与工作原理。

3）掌握利用异步集成计数器电路构成任意进制计数器的方法。

2. 实验预习要求

1）复习计数器、显示译码器的工作原理。

2）设计六十及二十四进制级联的计数电路。

3）熟悉实验中所用集成电路的引脚排列和逻辑功能。

3. 实验原理

在数字系统中，常常需要把以某种代码形式出现的数字量用人们熟悉的十进制数字显示出来，这个过程是由译码器和显示器来完成的。其中译码器将二进制代码在编码时的原意"翻译"出来，并输出一个或一组相应的信号；显示器接受这些信号将"翻译"结果显示出来。

计数、译码、显示电路的原理框图如图 2-31 所示。

（1）显示器

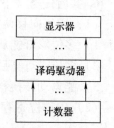

图 2-31　计数、译码、显示电路的原理框图

显示器选用目前广泛使用的共阴极七段发光二极管数码显示 BSR202（LED），利用不同发光段的组合，显示 0～9 十个数字。数码管显示的字形结构如图 2-32 所示。

（2）计数器

1）异步集成计数器 74LS290：74LS290 是二-五-十异步计数器，逻辑符号如图 2-33 所示。

图 2-32　数码管显示的字形结构

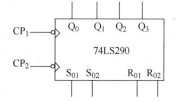

图 2-33　74LS290 逻辑符号

其内部有两个独立的计数器，即模 2 计数器和模 5 计数器；分别由两个时钟脉冲输入端 CP_1 和 CP_2 控制。异步清零端 R_{01}、R_{02} 和置 9 端 S_{01}、S_{02} 为两个计数器公用，高电平有效。

功能表如表 2-13 所示，主要功能：

① 异步清零功能：当清零端 $R_{01} = R_{02} = 1$，$S_{01} = 0$，或 $S_{02} = 0$ 时，计数器清零，$Q_3 Q_2 Q_1 Q_0 = 0000$；

② 异步置 9 功能：当置 9 端 $S_{01} = S_{02} = 1$ 时，$Q_3 Q_2 Q_1 Q_0 = 1001$。

③ 当 $R_{01} = R_{02} = 0$，$S_{01} = S_{02} = 0$ 时，在 CP 下降沿作用下实现加计数。

④ 计数脉冲从 CP_1 输入，Q_0 输出，则构成一位二进制计数器。

⑤ 计数脉冲从 CP_2 输入，$Q_3 Q_2 Q_1$ 输出，则构成异步五进制计数器。

⑥ 如果将 Q_0 和 CP_2 相连接，脉冲从 CP_1 输入，输出为 $Q_3 Q_2 Q_1 Q_0$ 时，则构成 8421BCD 码异步十进制计数器。

表 2-13　74LS290 功能表

输　　　入					输　　　出			
R_{01}	R_{02}	S_{01}	S_{02}	CP	Q_3	Q_2	Q_1	Q_0
1	1	0	×	×	0	0	0	0
1	1	×	0	×	0	0	0	0
×	×	1	1	×	1	0	0	1
0	×	0	×	↓	计　　数			
×	0	0	×	↓	计　　数			
0	×	×	0	↓	计　　数			
×	0	×	0	↓	计　　数			

2）同步集成计数器 74LS160：74LS160 的逻辑符号如图 2-34 所示，图中 E_T、E_P 是工作状态控制端，$\overline{Cr}$ 为清零控制端，$\overline{LD}$ 是预置数控制端，D_3、D_2、D_1、D_0 是输入端，Q_3、Q_2、Q_1、Q_0 是状态输出端，CO 是进位输出端，CP 是计数脉冲输入端。功能表如表 2-14 所示。

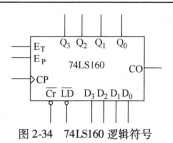

图 2-34　74LS160 逻辑符号

表 2-14 功能表（74LS160）

CP	$\overline{Cr}$	$\overline{LD}$	E_T	E_P	工 作 状 态
×	0	×	×	×	清零
↑	1	0	×	×	预置数
×	1	1	1	0	保持（包括 C 的状态）
×	1	1	0	×	保持（C = 0）
↑	1	1	1	1	计数

① 异步清零：当 $\overline{Cr} = 0$ 时，立即清零，即 $Q_3 = Q_2 = Q_1 = Q_0 = 0$，与 CP 无关。

② 同步预置：当 $\overline{LD} = 0$，而 $\overline{Cr} = 1$ 时，在预置输入端预置某个数据，在 CP 由 0 变 1 时，将预置数 D_3、D_2、D_1、D_0 送入计数器。

③ 保持：当 $\overline{LD} = \overline{Cr} = 1$ 时，只要 E_T、E_P 有 0，就会使输出保持不变。即 $Q_1^{n+1} = Q_1^n$，$Q_2^{n+1} = Q_2^n$，$Q_3^{n+1} = Q_3^n$，$Q_4^{n+1} = Q_4^n$，且当 $E_P = 0$、$E_T = 1$ 时，输出信号 CO 的状态也保持不变；当 $E_T = 0$ 时，无论 E_P 为何种状态，CO 一定为 0。

④ 计数：当 $\overline{LD} = \overline{Cr} = 1$、$E_T = E_P = 1$ 时，工作在计数状态。$Q_3 Q_2 Q_1 Q_0 = 0000 \rightarrow 0001 \cdots\cdots \rightarrow 1001$。

（3）译码器

译码器选用中规模集成七段译码/驱动器 74LS48。74LS48 是七段字形显示译码/驱动器，其功能如表 2-15 所示。

表 2-15 74LS48 功能表

十进制	输入						$\overline{BI/}$	输 出						
	$\overline{LT}$	$\overline{RBI}$	A_3	A_2	A_1	A_0	$\overline{RBO}$	Y_a	Y_b	Y_c	Y_d	Y_e	Y_f	Y_g
0	1	1	0	0	0	0	1	1	1	1	1	1	1	0
1	1	×	0	0	0	1	1	0	1	1	0	0	0	0
2	1	×	0	0	1	0	1	1	1	0	1	1	0	1
3	1	×	0	0	1	1	1	1	1	1	1	0	0	1
4	1	×	0	1	0	0	1	0	1	1	0	0	1	1
5	1	×	0	1	0	1	1	1	0	1	1	0	1	1
6	1	×	0	1	1	0	1	0	0	1	1	1	1	1
7	1	×	0	1	1	1	1	1	1	1	0	0	0	0
8	1	×	1	0	0	0	1	1	1	1	1	1	1	1
9	1	×	1	0	0	1	1	1	1	1	0	0	1	1
10	1	×	1	0	1	0	1	0	0	0	1	1	0	1
11	1	×	1	0	1	1	1	0	0	1	1	0	0	1
12	1	×	1	1	0	0	1	0	1	0	0	0	1	1
13	1	×	1	1	0	1	1	1	0	0	1	0	1	1
14	1	×	1	1	1	0	1	0	0	0	1	1	1	1
15	1	×	1	1	1	1	1	0	0	0	0	0	0	0
消隐	×	×	×	×	×	×	0	0	0	0	0	0	0	0
脉冲消隐	1	0	0	0	0	0	0	0	0	0	0	0	0	0
灯测试	0	×	×	×	×	×	1	1	1	1	1	1	1	1

由表 2-15 可知，74LS48 功能如下：

1）灯测试功能：$\overline{LT}$ 可检查七段显示器各字段是否能正常发光。当 $\overline{LT} = 0$ 时，不论 $A_0 \sim A_3$ 状态如何，七段全部显示，以检查各字段的好坏。

2）消隐功能：当 $\overline{BI} = 0$ 时，输出 $Y_a \sim Y_g$ 都为低电平，各字段熄灭，其功能与 $\overline{LT}$ 相反。

3）灭零输入 $\overline{RBI}$ 按照需要将显示的零予以熄灭。

4）当输入 $A_3 = A_2 = A_1 = A_0 = 0$，且有 $\overline{RBI} = 0$，$\overline{LT} = 1$ 时，灭零输出 $\overline{RBO}$ 将输出为 0，表示本位应显示的 0 已熄灭。

5）数码显示：当 $\overline{BI} = 1$，译码器工作，当 $A_3 A_2 A_1 A_0$ 端输入 8421BCD 码时，译码器对应的输出端输出高电平 1，数码显示相应的数字。

（4）利用集成计数器芯片构成任意（N）进制计数器

在数字集成电路中有许多型号的计数器产品，可以用这些数字集成电路来实现所需要的计数功能和时序逻辑功能。在设计时序逻辑电路时有两种方法：一种为反馈清零法；另一种为反馈置数法。

1）反馈清零法：反馈清零法是利用反馈电路产生一个给集成计数器的复位信号，使计数器各输出端为零（清零）。反馈电路一般是组合逻辑电路，计数器输出部分或全部作为其输入，在计数器一定的输出状态下即时产生复位信号，使计数电路同步或异步复位。反馈清零法的逻辑框图如图 2-35 所示。

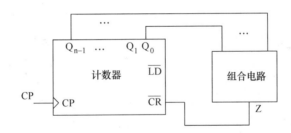

图 2-35　反馈清零法的逻辑框图

2）反馈置数法：反馈置数法将反馈逻辑电路产生的信号送到计数电路的置位端，在满足条件时，计数电路输出状态为给定的二进制码。反馈置数法的逻辑框图如图 2-36 所示。

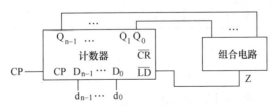

图 2-36　反馈置数法的逻辑框图

在时序电路设计中，以上两种方法有时可以并用。

4. 设计举例

1）用 74LS290 计数器组成十进制计数，如图 2-37 所示。

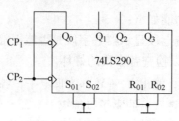

图 2-37　十进制计数电路

2）用 74LS290 计数器组成六十进制计数器，如图 2-38 所示。

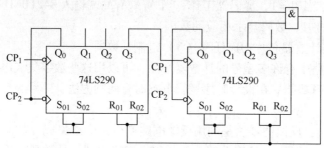

图 2-38　74LS290 组成的六十进制计数电路

3）用 74LS160 计数器组成六十进制计数器，如图 2-39 所示。

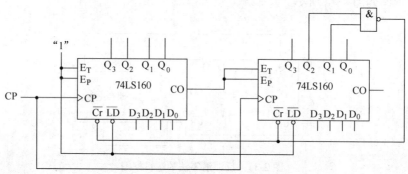

图 2-39　74LS160 组成的六十进制计数电路

5. 实验设备及器件

名　　称	数　　量	备　　注
数字电子技术实验箱	1	
74LS290，74LS48，74LS08，74LS00，74LS160	各 1	

6. 实验任务

（1）基本部分

1）六十进制、二十四进制计数器设计。

2）12 归 1 计数器设计。

3）完成含有分钟及小时（12h 制）计时的简易数字钟设计（含计数、译码、显示电路）。

（2）提高部分

1）设计秒脉冲信号源。

2）增加小时和分钟快速校时功能。

3）增加整点报时功能。

4）增加闹钟（定时）功能。

7. 实验报告要求

1）写出设计步骤与电路工作原理。

2）分析实验结果，总结实验过程中出现的故障和排除故障的方法。

8. 回答问题

1）利用 74LS290 实现六十进制计数电路，进行异步清 0 时，有时回到 00，而有时会出现 40，为什么？采用什么方法可有效地消除该现象？

2）某一同学设计简易数字钟电路，将显示器的 8 端悬空，3 端通过限流电阻接地，对吗？请说明原因。

3）分析使用 74LS160 异步复位实现任意进制计数器与 74LS290 的异同点。

实验 8　555 定时器及应用

1. 实验目的

1）熟悉单稳态触发器、多谐振荡器、施密特触发器的工作原理。

2）了解 555 定时器的结构与工作原理。

2. 实验预习要求

1）复习 555 的工作原理。

2）设计单稳态触发器 $R = 1\text{k}\Omega$，$C = 2.2\mu\text{F}$、多谐振荡器 $R_1 = 1\text{k}\Omega$、$R_2 = 1\text{k}\Omega$、可调电阻 $1\text{k}\Omega$，$C = 2.2\mu\text{F}$、施密特触发器电路电源电压 $V_{CC} = +12\text{V}$，$V_{CO} = 6\text{V}$。

3）熟悉实验中所用集成电路的引脚排列和逻辑功能。

3. 实验原理

555 电路的工作原理

1）基本组成：555 电路的简化结构图如图 2-40a 所示，逻辑符号及外引脚排列如图 2-40b 所示。它的内部主要由一个分压器、两个电压比较器、一个基本 RS 触发器、一个作为放电通路的晶体管和输出驱动电路组成。

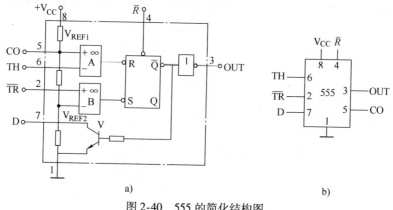

图 2-40　555 的简化结构图

a）内部简化结构图　b）555 引脚图

① 分压器：由 3 个 5kΩ 的精密电阻组成，它为两个比较器 A 和 B 提供基准电平。若 5 脚悬空，则比较器 A 的基准电平为 $V_{REF1} = \dfrac{2}{3}V_{CC}$，比较器 B 的基准电平为 $V_{REF2} = \dfrac{1}{3}V_{CC}$。改变 5 脚的接法可改变 A、B 两比较器的基准电平的大小。

② 比较器：比较器 A、B 是两个结构完全相同的高精度电压比较器，A 的输入端为 6 脚高电平触发端 TH，当 $U_{TH} > V_{REF1}$ 时，A 比较器输出低电平；当 $U_{TH} < V_{REF1}$ 时，A 比较器输出高电平。比较器 B 的输入端为（2 脚）低电平触发端 $\overline{TR}$，当 $U_{\overline{TR}} > V_{REF2}$ 时，比较器 B 输出高电平；当 $U_{\overline{TR}} < V_{REF2}$ 时，比较器 B 输出低电平。比较器 A、B 的输出直接控制基本 RS 触发器的动作。

③ 基本 RS 触发器：RS 触发器由两个与非门组成，它的状态由两比较器 A、B 的输出控制，根据基本 RS 触发器的工作原理，就可以决定触发器输出端的状态。

④ 开关放电晶体管和输出缓冲级：放电晶体管为 V，也可作为集电极开路使用。反相器构成输出级，可提高带负载能力。

2）工作原理：综上所述，根据图 2-40a 所示电路结构，可以很容易得到 555 电路的功能表，如表 2-16 所示。

表 2-16　555 的功能表

输　　入				输　　出	
$\overline{R}$ 端	TH		$\overline{TR}$	OUT 端	放电管 V
0	×		×	0	导通
1	$\geqslant \dfrac{2}{3}V_{CC}$	1	$\geqslant \dfrac{1}{3}V_{CC}$	1	0	导通
1	$< \dfrac{2}{3}V_{CC}$	0	$< \dfrac{1}{3}V_{CC}$	0	1	截止
1	$< \dfrac{2}{3}V_{CC}$	0	$\geqslant \dfrac{1}{3}V_{CC}$	1	不变	不变

① 构成单稳态触发器：由 555 电路构成的单稳态定时电路如图 2-41a 所示，该电路利用电容、电阻构成的积分电路来延时，定时电容 C_T 接到 6 脚、7 脚和地之间，通过电阻 R_T 给电容 C_T 充电，电容器的电压为 u_C，当内部晶体管 V 导通时，可以把电容器储存的电荷迅速

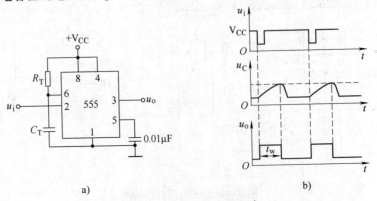

图 2-41　单稳态触发器电路

a) 单稳态定时电路　b) 电路波形图

释放，使电容器的电压迅速下降到 0，2 脚作为触发器的输入端，采用负脉冲触发。

当电源接通后，因为 $U_{TH} < V_{REF1}$，$U_{\overline{TR}} > V_{REF2}$，所以，当 555 电路输出为 0 时，内部晶体管 V 导通，电容 C_T 不能充电，电路将保持输出为 0 的稳定状态；若 555 电路输出为 1 时，内部晶体管 V 截止，电容 C_T 通过 R_T 充电。当电容 C_T 的电压上升到 $U_C = U_{TH} + V_{REF1}$ 时，555 电路输出变成 0，晶体管 V 导通，电容 C_T 通过晶体管 V 把存储的电荷释放，使 U_{TH} 迅速小于 V_{REF1}，使 555 输出电路变为 0 的稳定状态。由此可知，不论在哪种情况下，电源接通后，电路均会自动处于稳态。

当在输入端加一负向触发脉冲时，由于 $U_{\overline{TR}} < V_{REF2}$，使 555 输出变为 1，内部晶体管 V 截止，电路进入暂稳态，电容 C_T 通过 R_T 充电。充电的快慢取决于 C_T 和 R_T 的值。输出的脉宽取决于电容电压自 0V 上升到 $\frac{2}{3}V_{CC}$ 所需要的时间，脉宽为：$t_W = 1.1 R_T C_T$。当电容上的电压上升到 $u_C = U_{TH} = V_{REF1}$ 时，555 电路输出为 0，由于晶体管 V 导通，C_T 通过 V 把储存的电荷释放，使 U_{TH} 迅速小于 V_{REF1}，电路重新进入 555 输出为 0 的稳定状态。电路波形如图 2-41b 所示。

② 构成多谐振荡器：用 555 电路构成的多谐振荡器电路见图 2-42a 所示。当电源接通时，$V_{REF1} = \frac{2}{3}V_{CC}$，$V_{REF2} = \frac{1}{3}V_{CC}$，$U_{\overline{TR}} = 0$，$U_{TH} = 0$。所以 555 电路输出为 1，内部晶体管 V 截止，电容 C_T 通过 R_1 和 R_2 充电。随着电容电压 u_C 的升高，当 $V_{REF2} < u_C < V_{REF1}$ 时，555 电路输出保持原状态不变。当 u_C 大于 V_{REF1} 后，因 $U_{\overline{TR}} = U_{TH} > V_{REF1}$，所以 555 电路输出变为 0，内部晶体管 V 导通，于是电容 C_T 通过 R_T 和 V 放电，使 u_C 电压下降。当 $V_{REF2} < u_C < V_{REF1}$ 时，555 电路输出保持不变。当 $u_C < V_{REF2}$ 时，555 电路输出再次变为 1，内部晶体管 V 再次导通，重复上述过程，结果在输出端得到了如图 2-42b 所示的波形。该电路输出矩形波的周期取决于电容的充、放电时间常数。其充电时间常数为：$T_1 = 0.7(R_1 + R_2)C_T$，放电时间常数为：$T_2 = 0.7 R_2 C_T$，输出矩形波的周期为：$T = T_1 + T_2 = 0.7(R_1 + 2R_2)C_T$，改变充、放电的时间常数就可以改变矩形波的周期和脉宽。

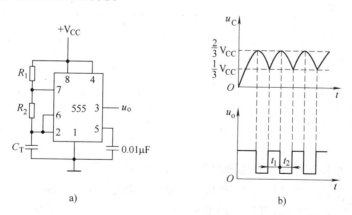

图 2-42　多谐振荡器

a) 多谐振荡器电路　b) 电路波形图

③ 构成施密特触发器：将 555 电路的 2 脚和 6 脚连接到一起作为输入端，5 脚通过

$0.01\mu F$ 的电容接地，4 脚和 8 脚相连接就构成了施密特触发器，其电路图如图 2-43a 所示。

$V_{REF1} = \dfrac{2}{3} V_{CC}$，$V_{REF2} = \dfrac{1}{3} V_{CC}$。设输入信号 u_i 如图 2-43b 所示，u_i 自 0 逐渐增大，在 $u_i <$ V_{REF1}，$u_i < V_{REF2}$ 时，$U_{TH} < V_{REF1}$、$U_{\overline{TR}} < V_{REF2}$，则 555 电路输出为 1。当 u_i 上升到 $V_{REF2} < u_i < V_{REF1}$ 时，即 $U_{TH} < V_{REF1}$、$U_{\overline{TR}} > V_{REF2}$，555 电路输出保持原状态不变；当 u_i 上升到 $u_i > V_{REF1}$ 时，即 $U_{TH} > V_{REF1}$，$U_{\overline{TR}} > V_{REF2}$，555 电路输出为 0；若 u_i 再上升，输出状态将保持不变；当 u_i 上升到最大值后，开始下降，在 $V_{REF2} < u_i < V_{REF1}$ 时，555 电路输出仍保持不变，直到 $u_i < V_{REF2}$ 时，555 电路输出又变为 1，其输出电压的变化如图 2-43b 所示。

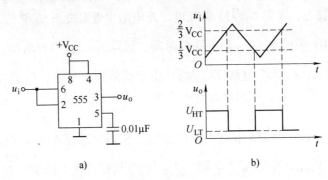

图 2-43　施密特触发器

a）施密特触发器电路　b）电路波形图

由以上分析可知电路的回差电压为：$\Delta U_T = U_{HT} - U_{LT} = V_{REF1} - V_{REF2} = \dfrac{1}{3} V_{CC}$，若要求回差电压可调，可在 5 脚接入电压 U_{Co}，此时，$U_{TH} = U_{Co}$、$U_{LT} = \dfrac{1}{2} U_{Co}$。回差电压为 $\Delta U_T = \dfrac{1}{2} U_{Co}$。所以，只要改变外加电压 U_{Co} 的值，就可以改变回差电压的大小。

4. 实验设备及器件

名　称	数　量	备　注
数字电子技术实验箱	1	
555 集成芯片	1	
电阻电容	若干	

5. 实验任务

1）自行设计单稳态触发器、多谐振荡器、施密特触发器。

2）模拟声响电路：用两片 555 定时器构成两个多谐振荡器，如图 2-44 所示。调节定时元件，使振荡器 I 振荡频率较低，并将其输出（引脚 3）接到高频振荡器 II 的电压控制端（引脚 5）。则当振荡器 I 输出高电平时，振荡器 II 的振荡频率较低。当振荡器 I 输出低电平时，振荡器 II 的振荡频率高。从而使 II 的输出端（引脚 3）所接的扬声器发出"嘟、嘟、……"的间歇响声。

按图 2-44 接好实验电路，调换外接阻容元件，试听音响效果。

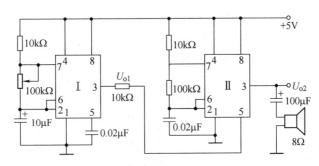

图 2-44　模拟声响电路

6. 实验报告要求

1）写出设计步骤与电路工作原理。

2）分析实验结果。

3）计算出单稳态触发器的暂态时间 t_{W}，多谐振荡器的周期 T，施密特触发器电路回差电压为 ΔU_{T}。

4）总结实验过程中出现的故障和排除故障的方法。

实验 9　A/D 和 D/A 转换器

1. 实验目的

1）了解 D/A、A/D 转换器的基本结构和工作原理。

2）熟悉集成 D/A 和 A/D 转换器的功能及其应用。

2. 实验预习要求

1）复习大规模集成电路 ADC0809 芯片的结构和工作原理。

2）复习大规模集成电路 DAC0832 芯片的结构和工作原理。

3）画出实验任务 3 的 ADC0809 和 DAC0832 相互连接部分的电路图。

3. 实验原理

在数字电子技术的很多应用场合需要把模拟量转换为数字量，称为模/数转换器（A/D 转换器，简称 ADC）；或把数字量转换成模拟量，称为数/模转换器（D/A 转换器，简称 DAC）。完成这种转换的线路有多种，特别是单片大规模集成 A/D、D/A 转换器问世，为实现上述的转换提供了极大的方便。使用者可借助于手册提供的器件性能指标及典型应用电路，即可正确使用这些器件。本实验将采用大规模集成电路 ADC0809 实现 A/D 转换，用 DAC0832 实现 D/A 转换。

（1）集成 ADC0809 转换器

ADC0809 是采用 CMOS 工艺制成的单片 8 位 8 通道逐次逼近型模/数转换器，其逻辑框图及引脚排列如图 2-45 所示。器件的核心部分是 8 位 A/D 转换器，它由比较器、逐次逼近寄存器、D/A 转换器及控制和定时 5 部分组成。

ADC0809 的引脚功能说明如下：

$IN_0 \sim IN_7$：8 路模拟信号输入端。

A_2、A_1、A_0：地址输入端。

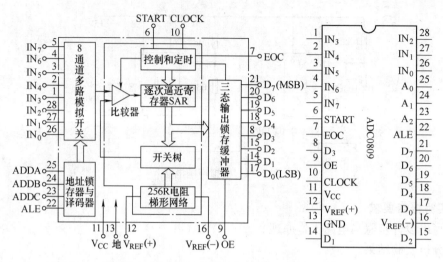

图 2-45　ADC0809 逻辑框图及引脚排列图

ALE：地址锁存允许输入信号，在此脚施加正脉冲，上升沿有效，此时锁存地址码，从而选通相应的模拟信号通道，以便进行 A／D 转换。

START：启动信号输入端，应在此引脚施加正脉冲，当上升沿到达时，内部逐次逼近寄存器复位，在下降沿到达后，开始 A／D 转换过程。

EOC：转换结束输出信号（转换结束标志），高电平有效。

OE：输入允许信号，高电平有效。

CLOCK（CP）：时钟信号输入端，外接时钟频率一般为 640kHz。

V_{CC}： +5V 单电源供电。

$V_{REF(+)}$、$V_{REF(-)}$：基准电压的正极、负极。一般 $V_{REF(+)}$ 接 +5V 电源，$V_{REF(-)}$ 接地。

$D_7 \sim D_0$：数字信号输出端。

模拟量输入通道选择，8 路模拟开关由 A_2、A_1、A_0 三地址输入端选通 8 路模拟信号中的任何一路进行 A／D 转换，地址译码与模拟输入通道的选通关系如表 2-17 所示。

表 2-17　地址译码与模拟输入通道的选通关系

被选模拟通道		IN_0	IN_1	IN_2	IN_3	IN_4	IN_5	IN_6	IN_7
地址	A_2	0	0	0	0	1	1	1	1
	A_1	0	0	1	1	0	0	1	1
	A_0	0	1	0	1	0	1	0	1

A／D 转换过程：在启动端（START）加启动脉冲（正脉冲），A／D 转换即开始。如将启动端（START）与转换结束端（EOC）直接相连，转换将是连续的，在用这种转换方式时，开始应在外部加启动脉冲。

（2）集成 DAC0832 转换器

DAC0832 为 CMOS 型 8 位数/模转换器，它内部具有双数据锁存器，且输入电平与 TTL电平兼容，所以能与 8080、8085、Z-80 及其他微处理器直接对接，也可以按设计要求添加必要的集成电路块而构成一个能独立工作的数/模转换器，其逻辑框图及引脚排列如图 2-46

所示。

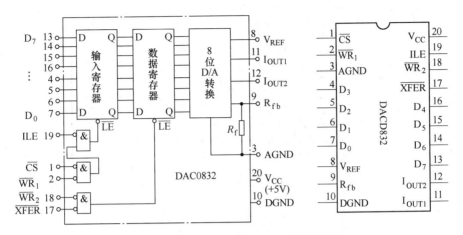

图 2-46　DAC0832 逻辑框图及引脚排列图

DAC0832 引脚功能及其使用如下：

1）$\overline{CS}$ 片选信号输入端，低电平有效。

2）ILE 输入寄存器允许信号输入端，高电平有效。

3）$\overline{WR_1}$ 输入寄存器与信号输入端，低电平有效。该信号用于控制将外部数据写入输入寄存器中。

4）$\overline{XFER}$ 允许传送控制信号的输入端，低电平有效。

5）$\overline{WR_2}$、DAC 寄存器写信号输入端，低电平有效。该信号用于控制将输入寄存器的输出数据写入 DAC 寄存器中。

6）$D_0 \sim D_7$ 为 8 位数据输入端。

7）I_{OUT1} 为 DAC 电流流出 1，在构成电压输出 DAC 时此线应外接运算放大器的反相输入端。

8）I_{OUT2} 为 DAC 电流输出 2，在构成电压输出 DAC 时此线应和运算放大器的同相输入端一起接模拟地。

9）R_{fb} 反馈电阻引出端，在构成电压输出 DAC 时此端应接运算放大器的输出端。

10）V_{REF} 基准电压输入端，通过该外引线将外部的高精度电压源与片内的 $R - 2R$ 电阻网络相连。其电压范围为 $-10 \sim +10$ V。

11）V_{CC} 为 DAC0832 的电源输入端，电源电压范围为 $+5 \sim +15$ V。

12）AGND 模拟地、整个电路的模拟地必须与数字地相连。

13）DGND 数字地。

DAC0832 是 8 位的电流输出型数/模转换器，为了把电流输出变成电压输出，可在数/模转换器的输出端接一运算放大器（LM324），输出电压 U_o 的大小由反馈电阻 R_f 决定，其参考电路如图 2-47 所示。图中 V_{REF} 接 5V 电源。

若把一个模拟量经模/数转换后再经数/模转换，那么在输出端就能获得原模拟量或放大了的模拟量（取决于反馈电阻 R_f）。同理若在模/数转换器的输入端加一方波信号，经模/数转换后再经数/模转换，则在数/模转换器的输出端就可得到经二次转换后的方波信号。

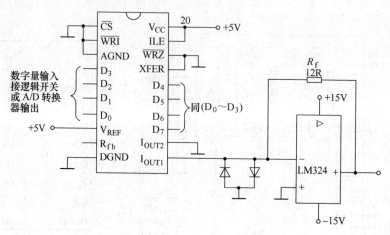

图 2-47　DAC0832 数/模转换器应用参考电路

4. 实验设备及器件

名　称	数　量	备　注
数字电子技术实验箱	1	
示波器	1	
函数发生器及数字频率计	1	
数字万用表	1	
元器件 ADC0809，DAC0832	各 1	电阻、电容若干

5. 实验任务

（1）A/D 转换器实验

ADC0809 按照图 2-48 接线。

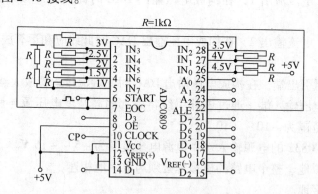

图 2-48　ADC0809 接线图

1）8 路输入模拟信号 1～4.5 V，由 +5 V 电源经电阻 R 分压组成；变换结果 D_0～D_7 接逻辑电平显示器（LED）输入插口，CP 时钟脉冲由计数脉冲源提供，取 $f = 100$kHz；A_0～A_2 地址端接逻辑电平（指拨开关）输出插口。

2）接通电源后，在启动端（START）加一正单次脉冲（按钮式），下降沿一到即开始 A/D 转换。

3）按表 2-18 的要求观察，记录 $IN_0 \sim IN_7$ 8 路模拟信号的转换结果，并将转换结果换算成十进制数字表示的电压值，并与数字电压表实测的各路输入电压值进行比较，分析误差原因。

表 2-18　ADC0809 实验记录表

被选模拟通道 IN	输入模拟量/V		地　址			输出数字量								十进制
	理论	实测	A_2	A_1	A_0	D_7	D_6	D_5	D_4	D_3	D_2	D_1	D_0	
IN_0	4.5		0	0	0									
IN_1	4.0		0	0	1									
IN_2	3.5		0	1	0									
IN_3	3.0		0	1	1									
IN_4	2.5		1	0	0									
IN_5	2.0		1	0	1									
IN_6	1.5		1	1	0									
IN_7	1.0		1	1	1									

（2）D/A 转换器实验

DAC0832 按图 2-47 接线，输入数字量由板上逻辑开关提供，输出 U_o 用数字万用表测量。输出的模拟量 U_o 记入表 2-19 中。

表 2-19　DAC0832 实验记录表

输入数字量								输出模拟量 U_o
D_7	D_6	D_5	D_4	D_3	D_2	D_1	D_0	$V_{CC} = +5V$
0	0	0	0	0	0	0	0	
0	0	0	0	0	0	0	1	
0	0	0	0	0	0	1	0	
0	0	0	0	0	1	0	0	
0	0	0	0	1	0	0	0	
0	0	0	1	0	0	0	0	
0	0	1	0	0	0	0	0	
0	1	0	0	0	0	0	0	
1	0	0	0	0	0	0	0	
1	1	1	1	1	1	1	1	

（3）将模/数转换器的输出作为数/模转换器的输入，按预习报告 3 中的自拟电路图把两个转换器串起来。使输入模拟量 U_i 从零至最大值变化，测量相应的 U_i、U_o 记入表 2-20 中。

表 2-20　模/数和数/模转换连接

输入模拟量 U_i	输出模拟量 U_o

（4）拆除 0～5V 可调电压的输入模拟量，改用方波信号 u_i，频率调至 200Hz 左右，用示波器观察 u_o 波形，记录 u_i、u_o 波形于表 2-21 中。

表 2-21　模/数转换和数/模转换连接

输入方波波形 u_i	输出方波波形 u_o

6. 实验报告要求

1）按实验表格列表整理测量结果，并分析实验数据。

2）分别分析和讨论 ADC 和 DAC 实验过程中出现的问题。

7. 回答问题

1）根据实验的体会，比较一下模拟量与数字量各有何优缺点？为何需要进行两者的互相转换？

2）ADC 和 DAC 转换器中都有寄存器，寄存器与锁存器是一种器件吗？在转换器中采用的目的是什么？

实验 10　数 字 秒 表

1. 实验目的

1）学习数字电路中基本 RS 触发器、单稳态触发器、时钟发生器及计数、译码显示电路的综合应用。

2）学习数字秒表的调试方法。

2. 实验预习要求

1）复习数字电路中基本 RS 触发器、单稳态触发器、时钟发生器及计数器等部分内容。

2）除了本实验中所采用的时钟源外，选用另外两种不同类型的时钟源，可供本实验用。画出电路图，选取元器件。

3）列出数字秒表各单元电路的测试表格。

4）列出调试数字秒表的步骤。

3. 实验原理

图 2-49 为数字秒表的原理图。按功能分成 4 个单元电路进行分析。

（1）基本 RS 触发器

图 2-49 中单元 I 为用集成与非门构成的基本 RS 触发器，属低电平直接触发的触发器，有直接置位、复位的功能。它的一路输出 $\overline{Q}$ 作为单稳态触发器的输入，另一路输出 Q 作为

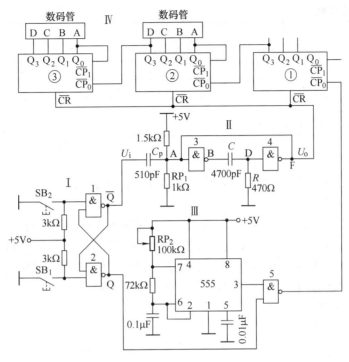

图 2-49　数字秒表框图

与非门 5 的输入控制信号。

按动按钮 SB_2（接地），则门 1 输出 $\overline{Q} = 1$；门 2 输出 $Q = 0$；SB_2 复位后 Q、$\overline{Q}$ 状态保持不变。再按动按钮开关 SB_1，则 Q 由 0 变为 1，门 5 开启，为计数器启动做好准备。$\overline{Q}$ 由 1 变 0，送出负脉冲，启动单稳态触发器工作。

基本 RS 触发器数字秒表中的功能是启动和停止秒表的工作。

（2）单稳态触发器

图 2-49 中单元 II 为用集成与非门构成的微分型单稳态触发器，单稳态触发器的输入触发负脉冲信号 u_i 由基本 RS 触发器 $\overline{Q}$ 端提供；输出负脉冲 u_o 则加到计数器的消除端 $\overline{CR}$。

静态时，门 4 应处于截止状态，故电阻 R 必须小于门的关门电阻 R_{off}。定时元件 RC 取值不同，输出脉冲宽度也不同。当触发脉冲宽度小于输出脉冲宽度时，可以省去输入微分电路的 R_P 和 C_P。单稳态触发器在电子秒表中的职能是为计数器提供清零信号。

（3）时钟发生器

图 2-49 中单元 III 为用 555 定时器构成的多谐振荡器，是一种性能较好的时钟源。

调节电位器 RP，使在输出端 3 获得频率为 50Hz 的矩形波信号，当基本 RS 触发器 $Q = 1$ 时，门 5 开启，此 50Hz 脉冲信号通过门 5 作为计数脉冲加于计数器的计数输入 CP。

（4）计数及译码显示

二-五-十进制计数器 74LS290 构成数字秒表的计数单元，如图 2-49 中单元 IV 所示。其中计数器 1 接成五进制形式，对频率为 50Hz 的时钟脉冲进行 5 分频，在输出端 Q_8 取得周期为 0.1s 的矩形脉冲，作为计数器的时钟输入，计数器 2 及计数器 3 接成 8421 码十进制形式，其输出端与实验台上译码显示单元的相应输入端连接，可显示 0.1～0.9s、1～9.9s 计量。

4. 实验设备及器件

名　　称	数　量	备　注
数字电子技术实验箱	1	
数字频率计	1	
直流电压表	1	
示波器	1	
7LS00 ×2，555 ×1，74SL290 ×3		电阻、电容若干

5. 实验任务

由于实验电路中使用器件较多，实验前必须合理安排各器件在实验台上的位置，使电路逻辑清楚，接线较短。

实验时，应按照实验任务的次序，将各单元电路逐个进行接线和调试，即分别测试基本RS 触发器，单稳态触发器、时钟发生器及各计数器的逻辑功能。待各单元电路工作正常后，再将有关电路逐级连接起来进行测试……，直到测试数字秒表整个电路的功能。

这样的测试方法有利于检查和排除故障，保证实验顺利进行。

（1）基本 RS 触发器测试

测试方法参考实验 5。

（2）单稳态触发器的测试

静态测试：用数字电压表测量 A、B、D、F 各点电位值。记录之。

动态测试：输入端接 1kHz 连续脉冲源，用示波器观察并描绘 D 点（u_D）、F 点（u_o）波形，如单稳输出脉冲持续时间太短，难以观察，可适当加大微分电容 C（如改为 0.1μF），待测试完毕后，再恢复 4700pF。

（3）时钟发生器的测试

测试方法参考实验 8，用示波器观察输出电压波形并测量其频率，调节 RP，使输出短形波频率为 50Hz。

（4）计数器的测试

1）计数器 1 接成五进制形式，测试其逻辑功能。

2）计数器 2 及计数器 3 接成 8421 码十进制形式，进行逻辑功能测试。

3）将计数器级连，进行逻辑功能测试。记录之。

（5）数字秒表的整体测试

各单元电路测试正常后，按图 2-49 把几个单元电路连接起来，进行电子秒表的总体测试。

先按一下按钮开关 SB$_2$，此时电子秒表不工作，再按一下按钮开关 SB$_1$，则计数器清零后便开始计时，观察数码管显示计数情况是否正常。如不需要计时或暂停时，按一下开关 SB$_2$，计划立即停止，但数码管保留所计时之值。

（6）数字秒表准确度的测试

利用标准的数字钟的秒计时对数字秒表进行校准。

6. 实验报告要求

1）总结数字秒表整个调试过程。

2）分析调试中发现的问题及故障排除方法。

第3章　基于 EDA 的数字电路设计与仿真实验

实验1　简单逻辑电路设计与仿真

1. 实验目的

1）学习并掌握 MAX + plus Ⅱ　EDA 实验开发系统的基本操作。

2）学习在 MAX + plus Ⅱ环境下设计简单逻辑电路与功能仿真的方法。

3）掌握一位半加器的图形编辑输入设计方法，学会用一位半加器组成一位全加器。

2. 实验预习要求

1）复习数字电子技术教材中半加器及其实现全加器的相关内容。

2）阅读并熟悉本次实验的内容。

3）用图形编辑输入方式完成电路设计。

4）分析器件的延时特性。

3. 实验内容及参考实验步骤

（1）利用图形编辑输入法设计并调试好一个一位二进制全加器，并用 EDA 实验开发系统进行仿真。设计一位二进制全加器时要求先用基本门电路设计一个一位二进制半加器，再由基本门电路和一位二进制半加器构成一位二进制全加器。

1）开机，进入 MAX + plus Ⅱ CPLD 实验开发系统。

2）单击 File 菜单 Project 子菜单中 Name 项，出现 Project Name 对话框。你可以为当前的实验选择恰当的路径并创建项目名称。

3）单击 File 菜单中 New 项，出现选择输入方式对话框，这里我们选择 Graphic Editor File。出现图形编辑窗口。（注意界面发生了一定变化）

4）双击空白编辑区，出现 Enter Symbol 对话框（或单击 Symbol 菜单 Enter Symbol 项）从 Symbol Libraries 项中选择 prim 子目录（双击），然后在 Symbol File 中选择相关元件（元件名称见电路图3-1）；在 prim 子目录中选择输入引脚 input 、输出引脚 output 和电源 V_{CC}。（或直接在 Symbol Name 中输入所需元件的名称回车亦可）

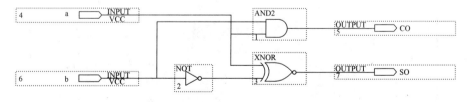

图 3-1　半加器电路图

5）在图形编辑窗口中的左侧单击连线按钮（draws a horizontal or Vertical line），并完成对电路的连线。

6）在引脚的 PIN_NAME 处左键双击使之变黑，键入引脚名称，半加器电路图如图 3-1 所示。

7）打开 FILE 主菜单，选择 SAVE AS，将画好的线路图存盘（文件的扩展名必须是 .GDF）。

8）单击工具栏中的 按钮，使所设计的文件处于顶层设计文件的位置。

9）单击工具栏中的 按钮，在出现的图 3-2 编译界面里单击 Start 按钮对电路进行编译。

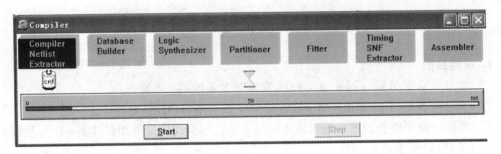

图 3-2 编译显示界面

10）编译完成后，就可开始进行电路仿真测试。仿真测试操作为

① 单击 MAX + plus Ⅱ 菜单 Waveform，Editor 子菜单出现 Waveform Editor 窗口，如图 3-3 所示。

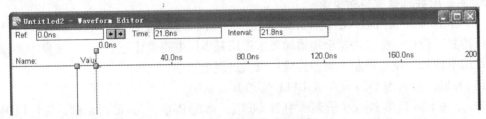

图 3-3 电路波形仿真测试框

② 单击 Node 主菜单，选择 Enter Nodes From SNF，出现如图 3-4 所示对话框。

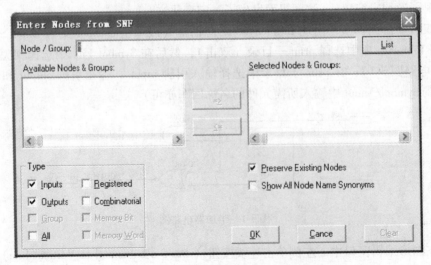

图 3-4 节点选择对话框

在 Enter Nodes From SNF 对话框中单击 List 按钮，电路的 I/O 节点会出现在对话框左边，单击 "= >" 按钮，I/O 节点会移到对话框右面，再单击 OK 按钮，节点名称与坐标出现在屏幕上。

11）单击 Name 项下输入引脚（所在行会变黑），设置输入端的电平。

12）单击界面左侧 按钮，出现如图 3-5 所示对话框，手工设定波形周期（若 Clock Period 项灰色不可用，则需将主菜单 Options 下的 Snap to Grid 选项前的 "√" 去掉），单击 OK 按钮，所设置的波形出现在屏幕上。

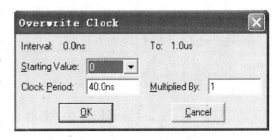

图 3-5　波形周期设定对话框

13）单击工具栏中的 按钮出现仿真界面。Simulator：Timing Simulator 对话框的 Start Time 和 End Time 中设定起始和终了时间（对初学者推荐采用默认值），单击 "start" 开始仿真。

14）单击 "Open SCF" 按钮，观察仿真结果。实验结果分别如图 3-6 所示。

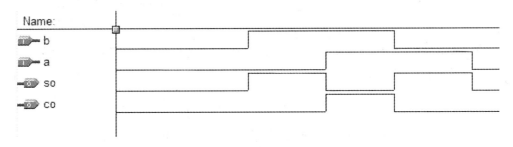

图 3-6　半加器仿真波形

15）单击工具栏中的 按钮，在出现的对话框中按 "Start" 按钮，进行延时分析，检查是否与器件标称值相符。

16）单击 File 菜单的 Create Default Symbol 项，创建一位半加器的默认模块。

17）创建一个新的项目，新建文件。在新打开的图形编辑区双击左键，从 Enter Symbol 对话框中的用户目录（你创建的目录）下选择模块名。连接电路，保存文件（注意文件名不要和一位半加器文件名相同），并进行编译。全加器电路图如图 3-7 所示。

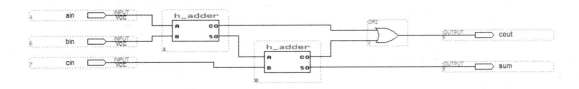

图 3-7　全加器电路图

18）采用上述仿真半加器的方法，得到全加器的仿真实验结果如图 3-8 所示。

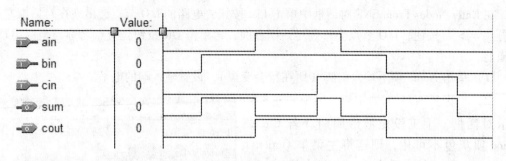

图 3-8　全加器仿真波形

（2）设计一个 2-4 线译码器并进行静态功能仿真

2-4 线译码器的逻辑参考电路图如图 3-9 所示，实验步骤参照实验内容（1）有关部分。

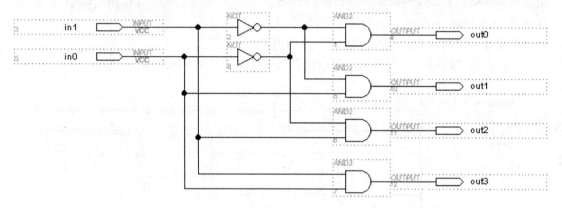

图 3-9　2-4 线译码器的逻辑参考电路图

注意：在仿真时，可设置 in0 的波形周期为 in1 波形周期的 2 倍（如 in1 周期为 20ns，则 in0 周期可设置为 40 ns）。

特别注意：在开始此实验前，建议同学在 PC 上除系统盘外的其他盘上建立一个自己独用的文件夹，将自己的实验文件保存在此文件夹内。文件夹名可以字母和数字命名，不能以汉字命名。

4. 实验设备及器件

名　称	数　量	备　注
计算机系统	1	
EDA 实验开发系统	1	
MAX + plus Ⅱ 软件	1	

5. 实验报告

1）记录并分析实验结果。

2）总结用 MAX + plus Ⅱ 软件对逻辑电路进行设计、仿真的操作步骤。

3）讨论用 EDA 开发系统进行逻辑电路设计的特点。

实验 2　全加器设计、仿真与下载

1. 实验目的

1）熟练掌握 MAX + plus Ⅱ 的使用。

2）掌握 EDA 开发系统及其硬件电路的下载及测试。

3）掌握一位全加器的文本输入设计方法，学会用一位全加器组成 4 位全加器。

4）学习模块化电路设计方法。

5）学习 AHDL 文本输入设计方法，学习 INCLUDE 语句的使用。

2. 实验预习要求

1）复习组合电路中一位、4 位全加器的设计方法。

2）预习 EDA 开发系统及其硬件电路中的开关及发光二极管的使用方法。

3）预习本次实验内容，注意学习 AHDL 及其文本输入设计方法。

3. 实验内容及操作步骤

（1）设计一位全加器并形成模块

设计并调试好一个一位二进制全加器，并用 EDA 实验开发系统进行系统仿真。设计一位二进制全加器时要求先设计一个或门和一个一位二进制半加器，再由或门和一位二进制半加器构成一位二进制全加器。

1）利用 AHDL 设计一位全加器的设计，完成电路的输入以及对引脚的命名等。参考程序如下：

```
------或门逻辑描述(or2a. tdf)
subdesign or2a
(      a,b:input;
       c:output;
)
begin
  c = a # b;
end;
```

```
------半加器描述(h_adder. tdf)
subdesign h_adder
(      a,b:input;
       so,co:output;
)
begin
  so = !(a $ ! b);
  co = a & b;
end;
```

------一位二进制全加器顶层设计描述（f_adder. tdf）

```
include " or2a. inc" ;
include " h_adder. inc" ;
subdesign f_adder
(        ain，bin，cin：input；
         sum，cout ：output；
)
variable
    or2 ：or2a；
    h_adder1 ：h_adder；
    h_adder2 ：h_adder；
begin
    h_adder1. a = ain；
    h_adder1. b = bin；
    h_adder2. a = h_adder1. so；
    h_adder2. b = cin；
    or2. a        = h_adder1. co；
    or2. b        = h_adder2. co；
    cout          = or2. c；
    sum           = h_adder2. so；
end；
```

2）对设计的各个模块及一位全加器进行编译、仿真。或门仿真波形如图3-10所示。

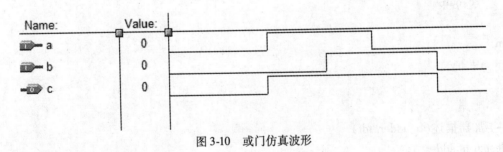

图3-10　或门仿真波形

半加器仿真波形如图3-11所示。

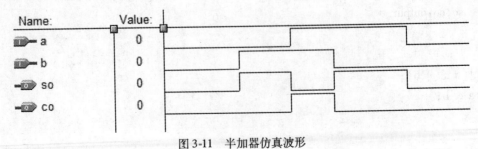

图3-11　半加器仿真波形

全加器仿真波形如图 3-12 所示。

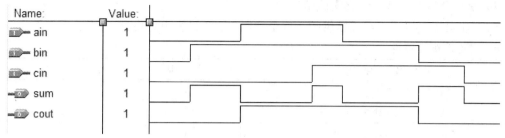

图 3-12　全加器仿真波形

一位全加器仿真结果如表 3-1 所示。

表 3-1　一位全加器真值表

ain	0	1	0	1	0	1	0	1
bin	0	0	1	1	0	0	1	1
cin	0	0	0	0	1	1	1	1
sum	0	1	1	0	1	0	0	1
cout	0	0	0	1	0	1	1	1

3）单击 File 菜单的 Create Default　Symbol 项，创建默认模块。

（2）利用一位全加器模块进行 4 位全加器的设计

1）创建一个新的项目，新建文件。在新打开的图形编辑区双击左键，从 Enter Symbol 对话框中的用户目录（你创建的目录）下选择模块名。

2）连接电路，保存文件（注意文件名不要和一位全加器文件名相同），并进行编译。4 位全加器参考电路如图 3-13 所示。

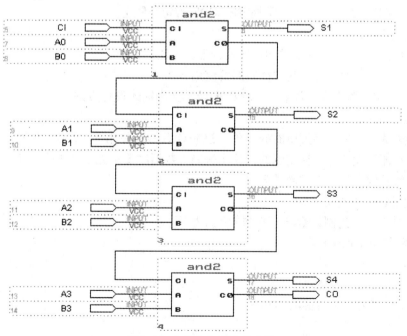

图 3-13　4 位全加器参考电路

3）选择一款 CPLD 器件（EDA 实验系统硬件板卡中能够提供的芯片）进行引脚分配。

4）编译并进行下载，观察实验结果。

（3）也可以直接调用系统提供的 4 位全加器 74283 进行电路设计、仿真与下载。

4. 实验设备及器件

名　　称	数　量	备　注
计算机系统	1	
EDA 实验开发系统实验箱	1	
EDA 实验开发系统下载软件	1	
MAX + plus Ⅱ 软件	1	

5. 实验报告

1）总结模块化电路设计的方法。

2）总结 AHDL 中 INCLUDE 语句的使用方法。

3）总结用 EDA 开发系统对逻辑电路进行设计、仿真与下载的一般步骤。

实验 3　有时钟使能的两位十进制计数器设计

1. 实验目的

1）熟悉 MAX + plus Ⅱ 软件的基本使用方法。

2）熟悉 EDA 实验开发系统的基本使用方法。

3）学习时序电路的设计、仿真和硬件测试。

4）学习 AHDL 的设计方法，掌握 INCLUDE 语句的使用。

2. 实验预习要求

1）复习时序电路中 2 位十进制计数器的设计方法。

2）预习 EDA 开发系统及其硬件电路的使用方法。

3）预习本次实验内容，注意学习 AHDL 及其文本输入设计方法。

3. 实验内容

设计并调试好 1 个有时钟使能的 2 位十进制计数器，并用 EDA 实验开发系统进行系统仿真、硬件验证。设计有时钟使能的两位十进制计数器时要求先设计 1 个十进制计数器，再由十进制计数器构成 2 位十进制计数器。

4. 实验设计、仿真与下载

（1）设计 1 个十进制计数器，其参考程序如下：

```
--十进制计数器(count10. tdf)
SUBDESIGN   count10
(
        clk,ena,clr:INPUT;
        outy[3..0],cout:OUTPUT;
)
VARIABLE
```

```
    count[3..0]:DFFE;
BEGIN
    count[ ].clk = clk;
    count[ ].clrn = ! clr;
    IF ena THEN
        IF count[ ] = = 9 THEN
            count[ ] = 0;
        ELSE
            count[ ] = count[ ] + 1;
        END IF;
    END IF;
    outy[ ] = count[ ];
    cout = count0 & ! count1 & ! count2 & count3;
END;
```

1 位十进制计数器仿真波形如图 3-14 所示。

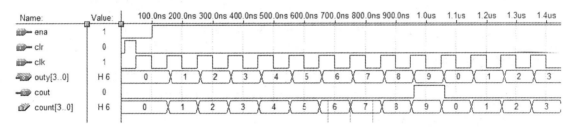

图 3-14　1 位十进制计数器仿真波形

（2）设计 2 位十进制计数器，其参考程序如下：

```
--2 位十进制计数器(cnt100.tdf)
include "count10.inc";
SUBDESIGN   cnt100
(        clkin,enain,clrin:INPUT;
         outlow[3..0],outhigh[3..0],coutout:OUTPUT;
)
VARIABLE
    cnt1        :count10;
    cnt2        :count10;
    a           :DFF;
BEGIN
    a.clk     = clkin;
    cnt1.clk = clkin;
    cnt1.clr = clrin;
    cnt1.ena = enain;
```

```
outlow[ ] = cnt1. outy[ ];
a = cnt1. cout;
cnt2. clk = a;
cnt2. clr = clrin;
cnt2. ena = enain;
outhigh[ ] = cnt2. outy[ ];
coutout = cnt2. cout;
END;
```

2 位十进制计数器仿真波形如图 3-15 所示。

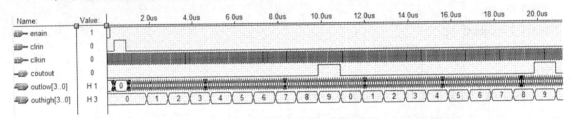

图 3-15　2 位十进制计数器仿真波形

5. 实验设备及器件

名　　称	数　量	备　注
计算机系统	1	
EDA 实验开发系统实验箱	1	
EDA 实验开发系统下载软件	1	
MAX + plus Ⅱ软件	1	

6. 实验报告

1）总结 AHDL 中 INCLUDE 语句的使用方法。

2）总结用 MAX + plus Ⅱ进行电路设计、仿真与下载的一般步骤。

实验 4　计数、译码与显示电路设计

1. 实验目的

1）进一步熟悉硬件描述语言描述电路的原理。

2）学习计数、译码与显示电路的 AHDL 设计。

3）学习文本编辑和图形编辑综合设计电路的方法。

2. 实验预习要求

1）复习组合电路中的译码器和显示器、时序电路中计数器等内容。

2）预习 EDA 开发系统及其相关硬件电路的使用方法。

3）预习本次实验内容，注意学习 AHDL 及其文本输入设计方法。

3. 实验内容

（1）用 AHDL 语言设计 12 归 1 电路。

1）用 AHDL 语言设计一分频器，将 cpld 信号源脉冲频率 40MHz 信号分频为 1 Hz（周期为 1s），并形成 include 文件。

a）进入 MAX + plus Ⅱ开发系统；

b）选择 File 主菜单下的 New 选项，在输入方式对话框中选 Text editor file；

c）在打开的编辑区中用 AHDL 语言进行程序设计，参考程序如下：

```
subdesign    fp
(inclk : input;
outputf : output; )
variable
    fp[23..0] : dff;
    f          : dff;
    begin
        fp[ ]. clk = inclk; f. clk = inclk;
        if fp[ ] = = 19999999 then
            fp[ ] = 0;
            f = ! f;
        else
            fp[ ] = fp[ ] + 1;
            f = f;
        end if;
        outputf = f;
end;
```

程序提示：信号源脉冲频率为 f_0，若要得到一频率为 f_1 的脉冲，计数常数 N 为 $N = f_0 / 2f_1 - 1$，触发器的个数选择 n，$2^n \geqslant N$。

d）输入完后保存文件并将该文件设为当前工作文件后编译。（注意：文件扩展名为 . TDF，且文件名必须和子程序名相同）

e）单击 File 菜单 Create　default include file 项创建 include 文件，生成 fp. inc 文件。

2）用 AHDL 语言设计一个 12 归 1 计数器（带译码显示），时钟源采用上面的分频电路所分得的 1 s 的时钟源，参考程序如下：

```
include "fp. inc";
subdesign    twelveto1
(inclk : input;
outa[6..0] : output;
  outb[6..0] : output;
  )
  Variable
  f1 : fp;
```

```
va[3..0]:dff;
vb[3..0]:dff;
 begin
  f1. inclk = inclk;
va[3..0]. clk = f1. outputf;vb[3..0]. clk = f1. outputf;
  if( va[ ] = =2 and vb[ ] = =1)then
        va[ ] =1;
        vb[ ] =0;
elsif va[ ] = =9 then
        va[ ] =0;
        vb[ ] = vb[ ] +1;
else
        va[ ] = va[ ] +1;
        vb[ ] = vb[ ];
  end if;
TABLE
        va[3..0]       = > outa0,outa1,outa2,outa3,outa4,outa5,outa6;
        H"0"           = > 1,1,1,1,1,1,0;
        H"1"           = > 0,1,1,0,0,0,0;
        H"2"           = > 1,1,0,1,1,0,1;
        H"3"           = > 1,1,1,1,0,0,1;
        H"4"           = > 0,1,1,0,0,1,1;
        H"5"           = > 1,0,1,1,0,1,1;
        H"6"           = > 1,0,1,1,1,1,1;
        H"7"           = > 1,1,1,0,0,0,0;
        H"8"           = > 1,1,1,1,1,1,1;
        H"9"           = > 1,1,1,0,1,1;
        H"A"           = > 1,1,1,0,1,1,1;
        H"B"           = > 0,0,1,1,1,1,1;
        H"C"           = > 1,0,0,1,1,1,0;
        H"D"           = > 0,1,1,1,1,0,1;
        H"E"           = > 1,0,0,1,1,1,1;
        H"F"           = > 1,0,0,0,1,1,1;
END TABLE;
TABLE
        vb[3..0]       = > outb0,outb1,outb2,outb3,outb4,outb5,outb6;
        H"0"           = > 1,1,1,1,1,1,0;
        H"1"           = > 0,1,1,0,0,0,0;
        H"2"           = > 1,1,0,1,1,0,1;
```

H"3"	= > 1, 1, 1, 1, 0, 0, 1;
H"4"	= > 0, 1, 1, 0, 0, 1, 1;
H"5"	= > 1, 0, 1, 1, 0, 1, 1;
H"6"	= > 1, 0, 1, 1, 1, 1, 1;
H"7"	= > 1, 1, 1, 0, 0, 0, 0;
H"8"	= > 1, 1, 1, 1, 1, 1, 1;
H"9"	= > 1, 1, 1, 1, 0, 1, 1;
H"A"	= > 1, 1, 1, 0, 1, 1, 1;
H"B"	= > 0, 0, 1, 1, 1, 1, 1;
H"C"	= > 1, 0, 0, 1, 1, 1, 0;
H"D"	= > 0, 1, 1, 1, 1, 0, 1;
H"E"	= > 1, 0, 0, 1, 1, 1, 1;
H"F"	= > 1, 0, 0, 0, 1, 1, 1;

END TABLE；

end；

3）保存文件并将该文件设为当前工作文件，然后编译。

4）选择器件进行引脚分配，分配完后编译。

5）启动 EDA 下载软件进行下载。

（2）用文本编辑与图形编辑综合方法设计 12 归 1 电路

1）单击 File 菜单的 Create Default　Symbol 项，将由文本编辑的分频电路和 12 归 1 电路分别创建为默认模块。

2）在图形输入方式下调用分频电路和 12 归 1 电路模块，组成所要求的电路。其译码电路图如图 3-16 所示。

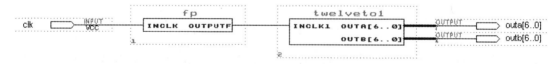

图 3-16　12 归 1 计数译码电路

3）完成电路的编译、下载和硬件测试。

（3）设计一个可控的 12 归 1 加/减电路

要求：控制端 K = 1 时 12 归 1 加 1 计数，计到 12 时回到 1，再进行加计数；控制端 K = 0 时 12 归 1 减计数，减到 1 时回到 12，再进行减计数。

4. 实验设备及器件

名　　　称	数　量	备　注
计算机系统	1	
EDA 实验开发系统实验箱	1	
EDA 实验开发系统下载软件	1	
MAX + plus Ⅱ 软件	1	

5. 实验报告

1) 比较 AHDL 语言设计方法与图形电路编辑设计方法的区别与特点。

2) 总结不同分频情况下的电路计数、数字显示情况。

3) 总结本次实验的收获和体会。

实验 5　动态扫描显示电路设计

1. 实验目的

1) 熟练掌握用 AHDL 设计计数、动态扫描显示电路的方法。

2) 熟练使用 EDA 实验系统中的数码管显示。

2. 实验预习要求

1) 预习动态扫描显示的原理。

2) 预习 EDA 实验系统中动态显示驱动数码管的电路连接状况。

3) 用硬件描述语言进行电路设计。

3. 实验内容及实验步骤

（1）动态扫描显示电路

EDA 实验开发系统提供了两组动态扫描显示接口，电路示意图如图 3-17 所示。

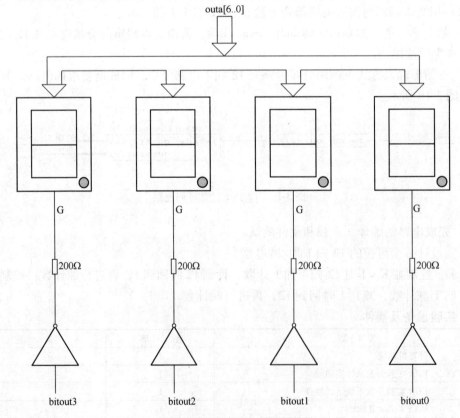

图 3-17　动态扫描电路示意图

引脚分配如下：

SEG3-SEG6 的共阴公共端 G 经反向器分别与 CPLD 的对应引脚 P170、P172、P173、P174 相连，由其控制实现各位分时选通，即动态扫描。SEG3-SEG6（a，b，c，d，e，f，g，p）的各段与 CPLD 引脚的对应关系为：P175、P176、P177、P179、P180、P186、P187、P189。

SEG7-SEG10 的共阴公共端 G 经反向器分别与 CPLD 的对应引脚 P190、P191、P192、P193 相连，由其控制实现各位分时选通，即动态扫描。SEG7-SEG10（a，b，c，d，e，f，g，p）的各段与 CPLD 引脚的对应关系为：P195、P196、P197、P198、P199、P200、P202、P203。

实验时可以在两组中任选一组进行。

（2）利用 AHDL 语言设计六十进制、12 归 1 同步数字钟并扫描显示

参考程序如下，实验步骤参考实验 4 有关内容。

```
subdesign countx
(inclk    :input;
outa[6..0],bitout[3..0]:output;
)
variable
a[3..0],b[3..0],c[3..0],d[3..0]:dff;
mda[12..0],mdb[9..0]:dff;
mseg[3..0],bitout[3..0]:dff;
st[1..0]:dff;
fpa,fpb:dff;
begin
fpa. clk = inclk;fpb. clk = fpa;mseg[ ]. clk = fpa;
(a[ ],b[ ],c[ ],d[ ]). clk = fpb;mdb[ ]. clk = fpa;        --fpa 1000Hz 频率
st[ ]. clk = fpa;mda[ ]. clk = inclk;bitout[ ]. clk = fpa;  --fpb 1Hz,inclk 40MHz
    if mda[ ] = = 39999 then                               --40MHz 分频,得 1000Hz
      mda[ ] = 0;fpa = !fpa;
    else
      mda[ ] = mda[ ] + 1;fpa = fpa;
    end if;
    if mdb[ ] = = 499 then                                 --1000Hz 分频,得 1Hz
      mdb[ ] = 0;fpb = !fpb;
    else
      mdb[ ] = mdb[ ] + 1;fpb = fpb;
    end if;
  if a[ ] = = 9 then                                       --同步六十进制,12 归 1 描述
    a[ ] = 0;
    if b[ ] = = 5 then
```

```
  b[ ] = 0;
      if c[ ] = = 2&d[ ] = = 1 then
            c[ ] = 1;d[ ] = 0;
      elsif c[ ] = = 9 then
            c[ ] = 0;d[ ] = d[ ] + 1;
      else
            c[ ] = c[ ] + 1;d[ ] = d[ ];
      end if;
  else
    b[ ] = b[ ] + 1;c[ ] = c[ ];d[ ] = d[ ];
    end if;
  else
    a[ ] = a[ ] + 1;b[ ] = b[ ];c[ ] = c[ ];d[ ] = d[ ];
end if;
  case st[ ] is                                    --隐含状态机的使用
  when 0 = >
    mseg[ ] = a[ ];
    bitout[ ] = 1;
    st[ ] = 1;
  when 1 = >
    mseg[ ] = b[ ];
    bitout[ ] = 2;
    st[ ] = 2;
  when 2 = >
    mseg[ ] = c[ ];
    bitout[ ] = 4;
    st[ ] = 3;
  when 3 = >
  mseg[ ] = d[ ];
  bitout[ ] = 8;
  st[ ] = 0;
  end case;
  Table
    mseg[3..0] = > outa[6..0];
    h"0"        = > h"3f";                         --- "0111111"
    h"1"        = > h"06";
    h"2"        = > h"5b";
    h"3"        = > h"4f";
    h"4"        = > h"66";
```

```
      h"5"       = > h"6d";
      h"6"       = > h"7d";
      h"7"       = > h"07";
      h"8"       = > h"7f";
      h"9"       = > h"6f";
   end table;
end;
```

4. 实验设备及器件

名　　称	数　量	备　注
计算机系统	1	
EDA 实验开发系统实验箱	1	
EDA 实验开发系统下载软件	1	
MAX + plus Ⅱ软件	1	

5. 实验报告

1）总结模块化 AHDL 程序设计方法。

2）总结动态扫描显示方式进行显示的方法。

3）写出实验总结报告。

实验 6　复杂数字钟设计

1. 实验目的

1）熟练掌握利用 AHDL 语言设计计数、译码、动态扫描显示电路的方法。

2）设计一个 6 位动态扫描显示数字钟。

2. 实验预习要求

1）预习动态扫描显示的原理。

2）复习教材相关内容。

3）用硬件描述语言进行电路设计。

3. 实验内容及实验步骤

（1）用 AHDL 语言设计一带有小时（12 或 24h 制）、分、秒的数字钟，用数码管显示结果。

利用文本编辑输入法和图形编辑输入法进行综合设计带有小时（12 或 24h 制）、分、秒的数字钟，用数码管显示结果。

要求：1）用 AHDL 语言设计一秒脉冲发生器，生成模块。

2）用 AHDL 语言设计六十进制的 BCD 计数器，生成模块，用于秒计时和分计时。

3）用 AHDL 语言设计二十四进制的 BCD 计数器，生成模块，用于小时计时。

4）用 AHDL 语言设计两个动态扫描驱动电路，生成模块。

5）将上述模块用图形输入法进行连接，完成数字钟的设计。

其逻辑参考电路如图 3-18 所示。

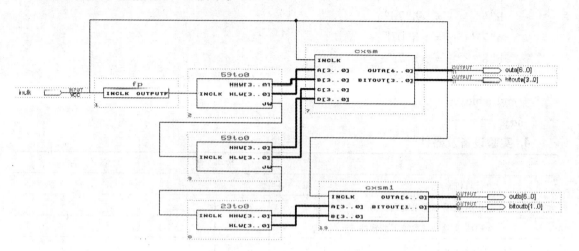

图 3-18　动态扫描显示数字钟的逻辑电路图

（2）设计一功能完整、实用的数字钟。

要求：1）增加时、分、秒快速校时功能。

　　　　2）增加整点报时功能。

　　　　3）增加闹钟（定时）功能。

4. 实验设备及器件

名　　　称	数　　量	备　　注
计算机系统	1	
EDA 实验开发系统实验箱	1	
EDA 实验开发系统下载软件	1	
MAX + plus Ⅱ软件	1	

5. 实验报告

1）总结模块化 AHDL 程序设计方法。

2）总结动态扫描显示方式进行显示的方法。

3）写出实验总结报告。

第4章　数字电子技术课程设计

4.1　课程设计概述

1. 数字电子技术课程设计的目的与意义

数字电子技术是一门实践性很强的课程，注重工程训练，特别是技能的培养，对于培养工程人员的素质和能力具有十分重要的作用。在电子信息类本科教学中，数字电子技术课程设计是一个重要的实践环节，它包括课题选择、电子电路设计、系统组装与调试和编写总结报告等实践内容。通过课程设计要求学生实现以下两个目标：第一，让学生初步掌握电子电路的试验、设计方法。即学生能够根据设计要求和性能参数，查阅文献资料，收集、分析类似电路的性能，并通过组装与调试等实践环节，使电路能够满足性能指标的要求；第二，课程设计为后续的毕业设计打好坚实的基础。毕业设计是系统的工程设计实践，而课程设计的出发点是让学生开始从理论学习逐渐走向实际运用，从已学过的定性分析、定量计算的方法，逐步掌握工程设计的步骤和方法，了解科学实验的程序和实施方法。同时，通过撰写课程设计报告，为今后从事技术工作撰写科技报告和技术资料奠定基础。

2. 数字电子技术课程设计的方法和步骤

设计一个电子电路系统时，首先必须明确系统的设计任务，根据任务进行方案选择，然后对方案中的各部分进行单元的设计、参数计算和器件选择，最后将各部分连接在一起，画出一个符合设计要求的完整系统电路图。

（1）设计任务分析

对系统的设计任务进行具体分析，充分了解系统的性能、指标内容及要求，以便明确系统应完成的任务。

（2）方案论证

这一步的工作要求把系统的任务分配给若干个单元电路，并画出一个能表示各单元功能的整机原理框图。

方案选择的重要任务是根据掌握的知识和资料，针对系统提出的任务、要求和条件，完成系统的功能设计。在这个过程中要勇于探索，勇于创新，力争做到设计方案合理、可靠、经济、功能齐全、技术先进，并且对方案要不断进行可行性和优缺点的分析，最后设计出一个完整框图。框图必须正确反映系统应完成的任务和各组成部分功能，清楚表示系统的基本组成和相互关系。

（3）方案实现

1）单元电路设计：单元电路是整机的一部分，只有把各单元电路设计好才能提高整体设计水平。每个单元电路设计前都需明确本单元电路的任务，详细拟订出单元电路的性能指标，与前后级之间的关系，分析电路的组成形式。具体设计时，可以模仿成熟的先进电路，也可以进行创新或改进，但都必须保证性能要求。而且，不仅单元电路本身要设计合理，各单元电路间也要相互配合，注意各部分的输入信号、输出信号和控制信号的关系。

2）参数计算：为保证单元电路达到功能指标要求，就需要用电子技术知识对参数进行计算。例如，放大电路中各阻值、放大倍数的计算；振荡器中电阻、电容、振荡频率等参数的计算。只有很好地理解电路的工作原理，正确利用计算公式，计算的参数才能满足设计要求。

3）器件选择

① 阻容元件的选择：电阻和电容种类很多，正确选择电阻和电容是很重要的。不同的电路对电阻和电容性能要求也不同，有些电路对电容的漏电要求很严，还有些电路对电阻、电容的性能和容量要求很高。例如滤波电路中常用大容量铝电解电容，为滤掉高频通常还需并联小容量瓷片电容。设计时要根据电路的要求选择性能和参数合适的阻容元件，并要注意功耗、容量、频率和耐压范围是否满足要求。

② 分立元件的选择：分立元件包括二极管、晶体管、场效应晶体管、光敏二极管、光敏晶体管、晶闸管等。根据其用途分别进行选择。选择的器件种类不同，注意事项也不同。例如选择晶体管时，首先注意是选择 NPN 型还是 PNP 型管，是高频管还是低频管，是大功率还是小功率，并注意管子的参数是否满足电路设计指标的要求。

③ 集成电路的选择：由于集成电路可以实现很多单元电路甚至整机电路的功能，所以选用集成电路来设计单元电路和总体电路既方便又灵活，它不仅使系统体积缩小，而且性能可靠，便于调试及运用，在设计电路时颇受欢迎。集成电路有模拟集成电路和数字集成电路。国内外已生产出大量集成电路，其器件的型号、原理、功能、特征可查阅有关手册。选择的集成电路不仅要在功能和特性上实现设计方案，而且要满足功耗、电压、速度、价格等多方面的要求。

（4）安装调试

安装与调试过程应按照先局部后整机的原则，根据信号的流向逐块调试，使各功能块都要达到各自技术指标的要求，然后把它们连接起来进行统调和系统测试。调试包括调整与测试两部分，调整主要是调节电路中可变元器件或更换器件，使之达到性能的改善。测试是采用电子仪器测量相关点的数据与波形，以便准确判断设计电路的性能。

装配前必须对元器件进行性能参数测试。根据设计任务的不同，有时需进行印制电路板设计制作，并在印制电路板上进行装配调试。

3. 数字电路设计方法

（1）组合逻辑电路的设计方法

1）组合逻辑电路的一般设计步骤和方法如下：

① 分析设计要求。

② 按输入变量与输出变量之间的逻辑关系列出真值表。

③ 利用公式法或卡诺图进行逻辑函数化简。

④ 按照化简后的最简逻辑表达式，画出逻辑电路图。

上述步骤中，列真值表往往是比较困难的一步。因为这一步实质上是把文字叙述的实际问题变成用逻辑语言表达的逻辑问题。

2）利用中大规模集成电路设计组合电路。由于中大规模集成电路的品种与日俱增，利用中大规模集成电路设计组合电路的方法也不断发展，利用这些中大规模集成化产品，可以很方便地设计各种功能的组合电路。

(2) 时序逻辑电路的设计方法

在数字电路中，时序电路有同步和异步之分，异步时序电路设计复杂，电路速度慢，不予介绍，这里只介绍同步时序电路的设计方法。

4. 同步时序电路的设计

1) 画原始状态图或状态表。首先对实际问题作全面分析，明确有哪些信息需要记忆，需要多少状态，怎样用电路状态反映出来。

2) 化简。为了充分描述电路的功能，在初步建立的状态图或状态表中，要求以尽可能简单的电路来实现所要求的功能，所以必须进行化简，以消除多余状态。

3) 进行状态分析。按化简后的状态数 N，确定触发器的数目 n，使 $2^n \geq N$。给每个状态以一定编码，即进行状态分配。状态分配的情况，会对状态方程的输出以及实现起来是否经济等产生影响，所以往往需要仔细考虑。有时要多次比较才能确定最佳方案。

4) 求状态方程、输出方程。

5) 求驱动方程，并检查能否自启动。

6) 画出逻辑电路图。

4.2 课程设计报告要求

课程设计实验报告要求如下：

设计目的：培养学生综合运用数字电子技术知识进行简易数字电子系统设计的能力，培养学生结合 EDA 工具进行电子系统辅助设计的能力。

设计要求：设计一个功能完整、实用的简易数字电子系统，并在计算机上完成电路仿真、下载验证。

设计任务：按选题要求填写。

设计过程：

1) 根据任务要求进行功能划分，给出完成任务要求的功能模块框图，说明每个模块的作用，受控于哪些信号，产生（输出）哪些信号，如信号输出是有条件的，则需说明在什么条件下输出什么信号。

2) 具体给出各功能模块的实现电路，说明工作原理。简单系统可以直接画出完整的原理图，在图中标示出各功能模块；复杂系统按功能模块给出原理图，完整电路在附件中给出。原理图中各元器件要有代号名称，电阻用 R_n、电容用 C_n 等表示。

3) 原理叙述应给出必要的真值表、状态图、状态方程、波形图，对一些有推导的设计过程，应给出简要的推导步骤。

4) 主要器件的选型说明。

设计结论：

1) 明确仿真结果具体实现了任务中的哪些要求，还有哪些要求没实现。

2) 叙述设计电路的特点。

3) 提出对现有设计电路的改进及完善的设想。

设计小结：对完成综合设计实验的收获、体会，以及对如何进行综合设计实验（包括实验方法、要求、验收等方面）提出建议和要求。

　　设计附件：

　　1）完整的电路原理图。

　　2）元器件清单，如表 4-1 所示。

表 4-1　元器件清单

序　号	名　称	代　号	型号或标称值
1	计数器	U1	74LS163
2	译码器	U2	74LS138
3	电阻	R1	510Ω

4.3　交通信号灯控制器设计举例

1. 设计任务

　　设计一个十字路口的交通信号灯控制器，控制 A、B 两条交叉道路上的车辆通行，具体要求如下：

　　1）每条道路设一组信号灯，每组信号灯由红、黄、绿 3 个灯组成，绿灯表示允许通行，红灯表示禁止通行，黄灯表示该车道上已过停车线的车辆继续通行，未过停车线的车辆停止通行。

　　2）每条道路上每次通行的时间为 25s。

　　3）每次变换通行车道之前，要求黄灯先亮 5s，才能变换通行车道。

　　4）黄灯亮时，要求每秒钟闪烁 1 次。

2. 实验目的

　　通过本实验熟悉用中规模集成电路进行时序逻辑电路和组合逻辑电路设计的方法，掌握简单数字控制器的设计方法。

3. 参考设计方案

　　系统由控制器、定时器、秒脉冲发生器、译码器、信号灯组成，其设计原理图如图 4-1 所示。其中控制器是核心部分，它控制定时器和译码器的工作；秒脉冲信号发生器产生定时器和控制器所需的标准时钟信号；译码器输出两路信号灯的控制信号。

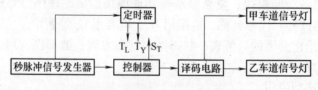

图 4-1　交通信号灯设计原理图

　　T_L、T_Y 为定时器的输出信号，S_T 为控制器的输出信号。

　　当某车道绿灯亮时，允许车辆通行，同时定时器开始计时，当计时到 25s 时，则 $T_L = 1$，否则，$T_L = 0$；

　　当某车道黄灯亮后，定时器开始计时，当计时到 5s 时，$T_Y = 1$，否则 $T_Y = 0$。

S_T 为状态转换信号，当定时器计数到规定的时间后，由控制器发出状态转换信号，定时器开始下一个工作状态的定时计数。

一般情况下，十字路口的交通信号灯工作状态如下：

1）A 车道绿灯亮，B 车道红灯亮，此时 A 车道允许车辆通行，B 车道禁止车辆通行。当 A 车道绿灯亮达到规定的时间后，控制器发出状态转换信号，系统转入下一个状态。

2）A 车道黄灯亮，B 车道红灯亮，此时 A 车道允许超过停车线的车辆继续通行，而未超过停车线的车辆禁止通行，B 车道禁止车辆通行。当 A 车道黄灯亮达到规定的时间后，控制器发出状态转换信号，系统转入下一个状态。

3）A 车道红灯亮，B 车道绿灯亮。此时 A 车道禁止车辆通行，B 车道允许车辆通行，当 B 车道绿灯亮达到规定的时间后，控制器发出状态转换信号，系统转入下一个状态。

4）A 车道红灯亮，B 车道黄灯亮。此时 A 车道禁止车辆通行，B 车道允许超过停车线的车辆继续通行，而未超过停车线的车辆禁止通行。当 B 车道绿灯亮达到规定的时间后，控制器发出状态转换信号，系统转入 1）中描述的状态。

由以上分析看出，交通信号灯有 4 个状态，可分别用 S0、S1、S2、S3 表示，分别分配状态编码为 00、01、11、10，由此得到控制器的状态表如表 4-2 所示。

表 4-2　控制器状态表

控制器状态	信号灯状态	车道运行状态
S0（00）	A 绿灯，B 红灯	A 车道通行，B 车道禁止通行
S1（01）	A 黄灯，B 红灯	A 车道过线车通行，未过线车禁止通行，B 车道禁止通行
S2（11）	A 红灯，B 绿灯	A 车道禁止通行，B 车道通行
S3（10）	A 红灯，B 黄灯	A 车道禁止通行，B 车道过线车通行，未过线车禁止通行

交通信号灯控制器状态转移图如图 4-2 所示。

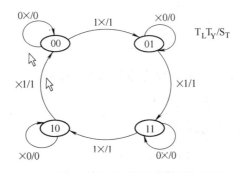

图 4-2　交通信号灯控制器状态转移图

T_Y 和 T_L 为控制器的输入信号，S_T 为控制器输出信号。

4. 参考电路设计

（1）定时器电路

以秒脉冲作为计数器的计数脉冲，设计一个二十五进制和五进制的计数器，图 4-3 中 CLK 为秒脉冲信号，计数器用两块 74LS163 构成，T_Y 和 T_X 为计数器的输出信号。S_T 为状态转换控制信号，每当 S_T 输出一个正脉冲，计数器进行一轮计数。

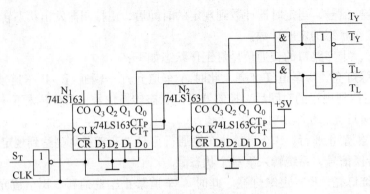

图 4-3　定时器逻辑电路图

（2）控制器电路

按照状态转换图，控制器有 4 个状态，因此可由两个触发器构成，用两个 D 触发器产生 4 个状态。控制器的输入为触发器的现态以及 T_X 和 T_Y，控制器的输出为触发器的次态和控制器状态转换信号 S_T，由此得到状态转换表如表 4-3 所示。

表 4-3　状态转换表

输　入				输　出		
现　态		状态转换条件		次　态		状态转换信号
Q_1^n	Q_0^n	T_L	T_Y	Q_1^{n+1}	Q_0^{n+1}	S_T
0	0	0	×	0	0	0
0	0	1	×	0	1	1
0	1	×	0	0	1	0
0	1	×	1	1	1	1
1	1	0	×	1	1	0
1	1	1	×	1	0	1
1	0	×	0	1	0	0
1	0	×	1	0	0	1

根据控制器状态转换真值表，写出状态方程和状态转换信号方程为

$$Q_1^{n+1} = \overline{Q_1^n} Q_0^n T_Y + Q_1^n Q_0^n + Q_1^n \overline{Q_0^n} \, \overline{T_Y}$$

$$Q_0^{n+1} = \overline{Q_1^n} \, \overline{Q_0^n} T_Y + \overline{Q_1^n} Q_0^n + Q_1^n Q_0^n \overline{T_L}$$

$$S_T = \overline{Q_1^n} \, \overline{Q_0^n} T_L + \overline{Q_1^n} Q_0^n T_Y + Q_1^n \overline{Q_0^n} \, T_Y + Q_1^n Q_0^n T_L$$

以上 3 个逻辑函数可用多种方法实现，本设计选用四选一数据选择器 74LS153 来实现，这种实现方法比较简单。触发器采用双 D 触发器 74LS74。设计中将触发器的输出看作逻辑变量，将 T_Y、T_L 看作输入信号，按照由数据选择器实现逻辑函数的方法实现以上 3 个逻辑函数，由此得到控制器的原理图。图 4-4 中 *R* 和 *C* 构成上电复位电路，保证触发器的初始状态为 0，触发器的时钟输入端输入 1 Hz 的秒脉冲。

（3）译码器

译码器的作用是将控制器输出 Q_1、Q_0 构成的 4 种状态转换成为 A、B 车道上 6 个信号灯的控制信号，并定义为

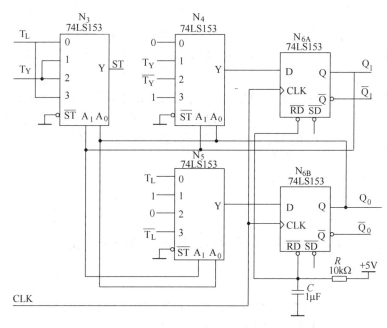

图 4-4 控制器电路图

A 车道绿灯亮为 AG = 1，A 车道绿灯灭为 AG = 0；

A 车道黄灯亮为 AY = 1，A 车道黄灯灭为 AY = 0；

A 车道红灯亮为 AR = 1，A 车道红灯灭为 AR = 0。

B 车道绿灯亮为 BG = 1，B 车道绿灯灭为 BG = 0；

B 车道黄灯亮为 BY = 1，B 车道黄灯灭为 BY = 0；

B 车道红灯亮为 BR = 1，B 车道红灯灭为 BR = 0。

控制器输出与信号灯对应关系如表 4-4 所示。

表 4-4 控制器输出与信号灯之间的对应关系

状态 Q_1 Q_0		AG	AY	AR	BG	BY	BR
0	0	1	0	0	0	0	1
0	1	0	1	0	0	0	1
1	1	0	0	1	1	0	0
1	0	0	0	1	0	1	0

由表 4-4 写出 AG、AY、AR、BG、BY、BR 与 Q_1 和 Q_0 之间的逻辑关系：

$AG = \overline{Q_1}\ \overline{Q_0}$，$AY = \overline{Q_1}Q_0$，$AR = Q_1$

$BG = Q_1 Q_0$，$BY = Q_1 \overline{Q_0}$，$BR = \overline{Q_1}$

（4）主要元器件

74LS163、74LS153、74LS74、74LS00、74LS04、74LS09、7407、NE555、发光二极管、电阻、电容等。

5. 实验内容

按照实验要求设计电路，确定元器件型号和参数，用 EWB 进行仿真；检查无误后通电调试；测试电路功能是否符合要求。对测试结果进行详细分析，得出实验结论。

6. 实验报告要求

分析实验任务，选择技术方案；确定原理框图；画出电路原理图；对所设计的电路进行综合分析，包括工作原理和设计方法；写出调试步骤和调试结果，列出实验数据；画出关键信号的波形；对实验数据和电路的工作情况进行分析；写出收获和体会。

4.4　创新研究型选题参考

课题1　智力竞赛抢答器逻辑电路设计

1. 课题概述

智力竞赛是一种生动活泼的教育方式，通过抢答和必答两种答题方式能引起参赛者和观众的极大兴趣，并且能在极短的时间内，使人们迅速增加一些科学知识和生活常识。

进行智力竞赛活动时，一般将参赛队员分为几组；答题方式为必答和抢答两种；答题有时间限制；当时间到时有警告；答题之后由主持人判断是否正确；显示成绩评定结果。抢答时，要判定哪组优先，并通过显示和鸣叫电路予以指示。因此，要完成以上智力竞赛抢答器逻辑功能的数字逻辑控制系统，至少应包括以下几个部分：记分显示部分；判别、控制部分；计时电路和音响部分。

2. 设计任务和要求

设计任务：

1）设计一个智力竞赛抢答器，可同时供 8 名选手或 8 个代表队参加比赛，他们的编号分别是 1、2、3、4、5、6、7、8，各用一个抢答按钮，按钮的编号与选手的编号相对应，分别是 SB0、SB1、SB2、SB3、SB4、SB5、SB6、SB7。

2）给节目主持人设置一个控制开关，用来控制系统的清零（编号显示数码管灭灯）和抢答的开始。

3）抢答器具有数据锁存和显示的功能。抢答开始后，若有选手按动抢答按钮，编号立即锁存，并在 LED 数码管上显示出选手的编号，同时蜂鸣器给出音响提示。此外，要封锁输入电路，禁止其他选手抢答。优先抢答选手的编号一直保持到主持人将系统清零为止。

4）用中小规模集成电路组成智力竞赛抢答器电路，画出各单元电路图和总体逻辑框图，正确描述各单元功能，合理选用电路器件，画出完整的电路设计图以及写出设计总结报告。

设计要求：

1）抢答器具有定时抢答的功能，且一次抢答的时间可以由主持人设定（如 30 s）。当节目主持人启动"开始"键后，要求定时器立即减计时，并用显示器显示，同时蜂鸣器发出声响。

2）参赛选手在设定的时间内抢答，抢答有效，定时器停止工作，显示器上显示选手的编号和抢答时刻的时间,并保持到主持人将系统清零为止。

3)如果定时抢答的时间已到,却没有选手抢答时,本次抢答无效,系统短暂报警,并封锁输入电路,禁止选手超时后抢答,时间显示器上显示00。

3. 设计方案提示

1)复位和抢答开关均可采用防抖动电路,可采用加吸收电容或RS触发电路来完成。

2)判别选用电路可以用触发器和组合电路完成,也可以用一些特殊器件组成,例如用MC14599或CD4099八路可寻址输出锁存器或优先编码器来实现。

3)计数电路用加/减计数器完成;显示电路用74LS47驱动共阳极数码管完成。

如图4-5所示为8路智力竞赛抢答器的总体框图。它由主体电路和扩展电路两部分组成,主体电路完成基本抢答后,选手按动抢答键时,能显示选手的编号,同时能封锁输入电路,禁止其他选手抢答,扩展电路完成定时抢答的功能。

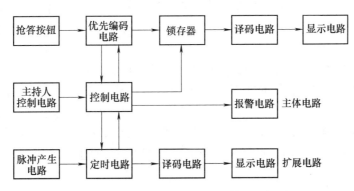

图4-5 8路智力竞赛抢答器系统原理框图

课题2 模拟乒乓球游戏机

1. 课题概述

设计与制作一台供A与B两人作模拟乒乓球游戏用的电路,其中A方与B方各持一个开关,作为击球用的乒乓球拍,有若干个光点作为乒乓球运动的轨迹。

2. 设计任务和要求

1)局比赛开始前,裁判按动每局开始发球开关,决定由其中一方首先发球,乒乓球光点即出现在发球一方的球拍位置上,电路处于待发球状态。

2)能自动判球记分。只要一方失球,对方记分牌上则自动加1分。在比分未达到10:10之前,当一方记分达11分时,即告胜利,该局比赛结束;若比分达到10:10以后,只有一方净胜两分时,方告胜利。

3)能自动判发球。每局比赛结束,机器自动置电路于下一球的待发球状态。每方连续发球两次后,自动交换发球。当比分达10:10以后,将每次轮换发球,直至比赛结束。

4)球拍开关在球的一个来回中,只有第一次按动才起作用,若再次按动或持续按下不松开,将无作用。在击球时,只有在球的光点移至击球者一方球拍位置时,第一次按动开关,击球才有效。

3. 设计方案提示

根据设计任务，对照原理系统可分为以下 4 个模块进行设计：

1）球迹移动与显示电路：球迹移动电路可采用双向移位寄存器方法实现，由发光二极管作光点模拟乒乓球移动的轨迹。

2）一次击球有效电路：用微分电路处理由球拍 A 或 D 输入的击球信号，输出正向尖脉冲信号，从而保证击球过程中仅第一次起板击球有用。

3）换发球电路、判球记分与获胜电路：本电路由比分显示电路、换发球电路、10∶10 判断电路、2 分差获胜电路、11 分获胜电路和获胜指示电路等组成。

① 比分显示电路：可采用中规模计数器完成，译码采用 74LS47 驱动数码管显示比分。

② 换发球电路：按照换发球规则，可以采用模 5 计数器来产生换发球信号。当比分达 10∶10 后，模 5 计数器失效。

③ 判 10∶10 电路：可以由 RS 触发器实现，当比分达 10∶10 时，使其状态反转。

④ 2 分差获胜电路：只有当比分达到 10∶10 时才被启用。可采用 JK 触发器组成计数器实现。

⑤ 11 分获胜电路和获胜指示电路：用发光二极管指示获胜。

4）置始与判发球电路：局置始信号由开关输入，确定发球者，使机器处于待发球状态，并把各计数器清零。每球结束，在失球信号作用下输出置始信号，预置下一球的待发球状态，可由 D 触发器组成计数器实现。电路处于待发球状态是指：在置始信号作用下，使球迹移动显示电路中球的光点出现在发球者一方的球拍位置上，等待发球，只要按动该方球拍开关，球即能发出。

课题 3　　电子拔河游戏机

1. 课题概述

随着现代科技的不断发展，人们的生产生活水平也在不断提高。与此同时，各式各样的仪器设备、新型家电产品都在不断出现，丰富着人们的生活，为人们排忧解难，娱乐身心。拔河游戏机就是一种综合性、趣味性的试验，它结构简单，易安装与调试，是生产或者自行制作的最佳选择。

2. 设计任务与要求

1）设计一个能进行拔河游戏的电路。

2）电路使用 9 个发光二极管，开机后只有中间一个发亮，此即拔河的中心点。

3）游戏双方各持一个按钮，迅速地、不断地按动，产生脉冲，谁按得快，亮点就向谁的方向移动，每按一次，亮点移动一次。

4）亮点移到任一方终端二极管时，这一方就获胜，此时双方按钮均无作用，输出保持，只有复位后才使亮点恢复到中心。

5）用数码管显示获胜者的盘数。

3. 设计方案提示

可逆计数器 CC40193 原始状态输出 4 位二进制数 0000，经译码器输出使中间的一只发光二极管点亮。当按动 A、B 两个按键时，分别产生两个脉冲信号，经整形后分别加到可逆计数器上，可逆计数器输出的代码经译码器译码后驱动发光二极管点亮并产生位移，当亮点移到任何一方终端后，由于控制电路的作用，使这一状态被锁定，而对输入脉冲不起作用。如按动复位键，亮点又回到中点位置，比赛又可重新开始。将双方终端二极管的正端分别经两个与非门后接至两个十进制计数器 CC4518 的允许控制端 EN，当任一方取胜，该方终端二极管点亮，产生一个下降沿使其对应的计数器计数。这样，计数器的输出即显示了胜者取胜的盘数。设计电路框图如图 4-6 所示。

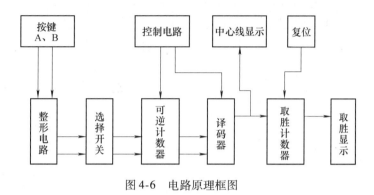

图 4-6　电路原理框图

课题4　简易电话计时器的设计

1. 课题概述

一般情况下电话计费以 1min 或 3min 为一个计时单位，若打电话时有一个能显示通话时间的自动电话计时器则可便于打电话者掌握通话时间，这样可控制通话时间节约通话费。常见的电话计时器电路大都从电话摘机就开始计时或是要按下指定按钮才开始计时，因此计时不精确，使用不方便。

2. 设计任务和要求

用中小规模集成电路设计一个公用电话计时系统。

1）每 3min 计时 1 次。

2）显示通话次数，最多为 99 次。

3）每次定时误差小于 1s。

4）具有手动复位功能。

5）具有声响提醒功能。

3. 设计方案提示

本设计主要有标准信号源、分频器、3min 定时器、计数器译码显示、声响提醒等电路组成，其工作原理为：当按下复位按键时，复位电路保证 3min 电路及 2 位十进制计数器同时清零，此时电话通话次数为零。当松开复位按键时，计时开始，3min 定时器的功能是每3min 输出一个脉冲，该脉冲被送到计数译码显示电路，便显示出通话次数；同时该脉冲被送到声响提醒电路，可控制声响时间及声调，实现声响提醒功能。该设计分频器，3min定时器主要由 12 位异步二进制计数器/分频器 CD4040 来实现，通话次数计数器显示电路由2 位十进制计数器完成，采用中规模集成计数器 CD4029、74LS47。声响提醒电路由 555 集成电路完成。

图 4-7 为该计时器的工作框图，主要由标准信号源、分频器、3min 定时器、计数器译码显示和声响提醒等电路组成。

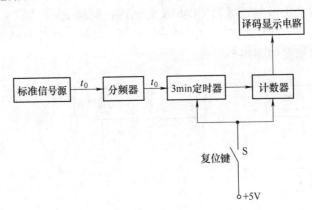

图 4-7　计时器的工作框图

课题 5　病房呼叫系统

1. 课题概述

临床求助呼叫是传送临床信息的重要手段，病房呼叫系统是病人请求值班医生或护士进行诊断或护理的紧急呼叫工具，可将病人的请求快速传送给值班医生或护士，并在值班室的监控中心电脑上留下准确完整的记录，是提高医院和病房护理水平的必备设备之一。呼叫系统的优劣直接关系到病员的安危，历来受到各大医院的普遍重视。它要求及时、准确、可靠、简便可行、利于推广。

2. 设计任务和要求

本设计要求采用主从结构，监控机构放置在医生值班室内，当病床有呼叫请求时进行声光报警，并在显示器上显示病床的位置。呼叫源（按钮）放在病房内，病人有呼叫请求时，按下请求按钮，向值班室呼叫，并点亮呼叫指示灯。监控机构和呼叫源之间通过电线连接在一起。

1）用 1~5 个开关模拟 5 个病房的呼叫输入信号，1 号优先级最高；1~5 优先级依次降低。

2）用一个数码管显示呼叫信号的号码；没信号呼叫时显示 0；有多个信号呼叫时，显示优先级最高的呼叫号（其他呼叫号用指示灯显示）。

3）凡有呼叫发出 5s 的呼叫声。

4）对低优先级的呼叫进行存储，处理完高优先级的呼叫，再进行低优先级呼叫的处理。

3. 设计方案提示

本设计的病房呼叫系统可以应用 555 计时器逻辑门电路，采用数字、模拟电路的一些基础元器件，来实现的具有优先级的结构简单、安装方便的病房呼叫系统。当有病人进行呼叫时，系统会自动先处理具有高优先级别的病房，同时产生光信号和 5s 的声音信号。另外在产生信号的同时系统会显示呼叫病人的病房编号。这样医护人员可以根据呼叫信号的优先级别及时对每一位呼叫病人进行救治。当有多个病人同时进行呼叫时，系统会根据优先级别自动呼出当前呼叫中的最高级别呼叫信号而对其他低级别的呼叫信号进行自动保存，在当前的最高呼叫信号被医护人员完成后，按下清零后，自动输出所保存信号呼叫中最高级别的呼叫，直到每位病人处理完毕。

本设计的指导思想是设计一个当病人紧急呼叫时，产生声光提示，并显示病人编号；然后根据病人病情进行优先级别设置，当有多人呼叫时，病情严重的优先；医护人员处理完当前最高级别的呼叫后，清除已处理的最高级别的呼叫信号，系统按优先级别显示其他呼叫病人的编号。

病房呼叫系统工作原理如图 4-8 所示，用 D 锁存器锁存，再用一个 8-3 线优先编码器 4532 对病房号编码，再用译码器 4511 译出最高级的病房号。当有病房号呼叫时，通过译码器和逻辑门触发（由 555 构成的单稳触发器）从而控制蜂鸣器发出 5s 的呼叫声。呼叫信号控制晶闸管从而控制病房报警灯的关亮。若有多个病房同时呼叫，待医护人员处置好最高级的病房后，由人工将系统复位（手动）。

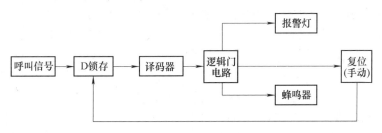

图 4-8　病房呼叫系统原理框图

课题 6　家用电风扇控制逻辑电路设计

1. 课题概述

随着我国经济的发展，居民家中的电器是越来越多，电风扇也成为我们生活中必不可少的家用电器。以前的台式电风扇和落地式电风扇都是采用机械控制，主要控制风速和风向。然而随着电子技术的发展，目前的家用电风扇大多采用电子控制线路取代了原来的机械控制器，使电风扇的功能更强，操作也更简便。

2. 设计任务和要求

（1）实现风速的强、中、弱控制（一个按钮控制，循环）

使用一个"风速"按键来循环控制风速的变化。当电风扇处于停止状态时按下该键，风扇起动并处于弱风、正常风状态，风扇起动后，依次按下"风速"键，风速按着"弱—中—强—弱"依次变换。

（2）实现风种的"睡眠风"、"自然风"、"正常风" 3 种状态的控制（一个按钮控制，循环）

使用一个"风种"按键来循环控制风种的选择。当风扇处于停止状态时按下该键风扇不能起动，当风扇处于工作状态时，按下"风种"键，风速随着"正常风—睡眠风—自然风—正常风"的状态变化。

（3）风扇停止状态的实现

使用一个按键来控制风扇的停止。在风扇处于任一工作状态时按下该键风扇停止工作。

（4）LED 显示状态

分别用 6 个 LED 灯来显示"风速"和"风种"的 3 种工作状态。

（5）按键提示音

（6）定时关机功能（以小时为单位）

1）正常风：电动机连续转动，产生持久风。

2）自然风：电动机转动 4s，停 4s，产生阵风。

3）睡眠风：电动机转动 8s，停 8s，产生轻柔的微风。

3. 设计方案提示

本系统由脉冲触发电路、状态锁存电路、"风速"、"风种"控制电路及定时电路组成。通过按键开关产生单次脉冲来控制风扇的工作状态并由 6 个发光二极管来显示其状态。由拨动开关来控制定时的长短并由数码管来显示电扇停止的剩余时间。

1）脉冲触发电路：按键 S_1 按下后产生的单次脉冲信号作为"风速"状态锁存电路的触发信号。按键 S_1、S_2 及部分门电路 74LS00、74LS08 构成"风种"状态锁存电路的触发信号。

2）状态锁存电路："风速""风种"状态锁存电路均是由一片有 4 个 D 触发器的 74LS175 构成，每片的 3 个 D 触发器的输出端分别接 3 个状态指示灯，同时每片 74LS175 的清零端都接停止键 K3，利用按键产生的低电平信号将所有状态清零。

3）风种控制电路：在"风种"的 3 种工作状态中，在"正常风"状态时，风扇持续转动，而工作在"自然风"和"睡眠风"状态时产生的是间断的风。电路中用 74LS151 作为风种的控制器，由 74LS175 的 3 个输出端选择其中的一种工作方式。间断工作时，在 74LS175 的 CP 端加入一个周期时钟信号作为"自然风"的间断控制，二分频后再作为"睡眠风"转台的控制输入。

4）定时控制电路：该电路是由 NE555 构成的单稳态电路，及 74LS192 构成的减数电路以及由 74LS48 译码器和数码管构成的显示器电路构成的。其中单稳态电路的功能是产生秒脉冲使减数电路实现定时功能，译码器和数码管是用来显示定时剩余时间。

5）按键音电路：按键音电路是由或门 74LS32 及蜂鸣器构成。蜂鸣器一端接地，另一端接 74LS32 的输出端，74LS32 的一个输入端接高电平，另一端接拨动开关 S_1、S_2。当按下开关时蜂鸣器导通，发出蜂鸣式的按键音。

电路是通过按按键产生单次脉冲，再通过状态锁存电路处理来控制风扇的工作状态以及 6 个指示灯来显示风扇的工作状态。3 个按键分别控制不同的功能——风速、风种、停止。操作电扇的原理状态转换图如图 4-9 所示。风扇的操作面板示意图如图 4-10 所示。

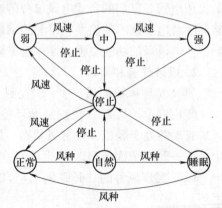

图 4-9　风扇原理状态转换图

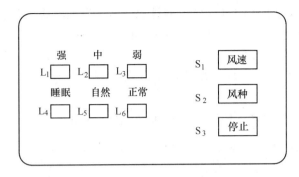

图 4-10　风扇的操作面板示意图

其操作方式和状态指示方式如下：

① 风扇处于停止状态时，所有指示灯不亮；此时只有按"风速"键电扇才会起动。此时风扇的工作状态处于"弱风"和"正常风"状态且相应的指示灯亮。

② 电扇一经起动后，按动"风速"键可循环选择弱、中、强中的一种工作状态；同时，按动"风种"键可循环选择正常、自然、睡眠中的一种工作状态。电扇在任意工作状态下，按动"停止"键可以使电扇停止工作，所有指示灯不亮。

课题 7　基于 EDA 技术的简易数字频率计

1. 课题概述

EDA 技术是以大规模可编程逻辑器件为设计载体，以硬件语言为系统逻辑描述的主要方式，以计算机、大规模可编程逻辑器件的开发软件及实验开发系统为设计工具，通过有关的开发软件，自动完成用软件设计的电子系统到硬件系统的设计，最终形成集成电子系统或专用集成芯片的一门新技术。其设计的灵活性使得 EDA 技术得以快速发展和广泛应用。

在电子技术中，频率是最基本的参数之一，并且与许多电参量的测量方案、测量结果都有十分密切的关系，因此频率的测量就显得更为重要。测量频率的方法有多种，其中电子计数器测量频率具有精度高、使用方便、测量迅速，以及便于实现测量过程自动化等优点，是频率测量的重要手段之一。

2. 设计任务和要求

1）在 CPLD 中设计一个数字频率计电路，设计要求为：测量范围：$1Hz \sim 1MHz$，分辨率 $< 10^{-4}$，数码管动态扫描显示电路的 CPLD 下载与实现。

2）使用 LabVIEW 进行虚拟频率计的软件设计。要求设计软件界面，闸门时间为 4 档，$1s$、$100ms$、$10ms$、$1ms$，频率数字显示。

3）使用设计虚拟逻辑分析仪软件和 CPLD 电路，进行软硬件调试和测试。

3. 设计方案提示

（1）测频原理

所谓"频率"，就是周期性信号在单位时间变化的次数。电子计数器是严格按照 $f = N/T$ 的定义进行测频，其对应的测频原理框图和工作时间波形如图 4-11 所示。从图 4-11 中可以看出测量过程：输入待测信号经过脉冲形成电路形成计数的窄脉冲，时基信号发生器产生计数闸门信号，待测信号通过闸门进入计数器计数，即可得到其频率。若闸门开启时间为 T、待测信号频率为 f_x，在闸门时间 T 内计数器计数值为 N，则待测频率为

$$f_x = N/T \tag{1}$$

若假设闸门时间为 1s，计数器的值为 1000，则待测信号频率应为 1000Hz，此时，测频分辨力为 1Hz。

本实验的闸门时间分为为 4 档：1s、100ms、10ms、1ms。

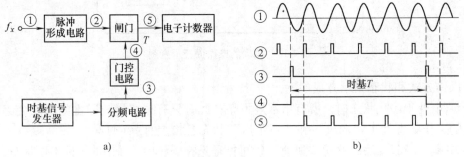

图 4-11　测频原理框图和工作时间波形

a）测频原理框图　b）工作时间波形图

（2）数字频率计组成

本实验要求的数字频率计组成框图如图 4-12 所示，频率计的硬件电路（见图 4-11）在 CPLD 芯片中实现，测量结果通过实验箱提供的 EPP 通信接口送给计算机，频率计的软件和人机界面由计算机完成，同时计算机还可输出清零和闸门选择的控制信号给电路。

本实验的任务一是在提供的 CPLD 实验板上设计和实现频率计测量电路，二是在计算机上使用 LabVIEW 软件设计频率计界面和程序。

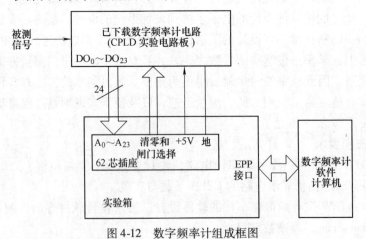

图 4-12　数字频率计组成框图

课题 8　简易数字频率计设计

1. 课题概述

众所周知，频率信号易于传输，抗干扰性强，可以获得较好的测量精度。因此，频率检

测是电子测量领域最基本的测量之一。频率计主要用于测量正弦波、矩形波、三角波和尖脉冲等周期信号的频率值。其扩展功能可以测量信号的周期和脉冲宽度。

频率计的基本原理是用一个频率稳定度高的频率源作为基准时钟，对比测量其他信号的频率。通常情况下计算每秒内待测信号的脉冲个数，即闸门时间为 1s。闸门时间可以根据需要取值，大于或小于 1s 都可以。闸门时间越长，得到的频率值就越准确，但闸门时间越长，则每测一次频率的间隔就越长。闸门时间越短，测得的频率值刷新就越快，但测得的频率精度就受影响。一般取 1s 作为闸门时间。

数字频率计整体方案结构框图如图 4-13 所示。图中被测信号为外部信号，送入测量电路进行处理、测量，档位转换用于选择测试的项目——频率、周期或脉宽，若测量频率则进一步选择档位。

图 4-13　数字频率计整体方案结构框图

2. 设计任务与要求

（1）电气指标

1）被测信号波形：正弦波、三角波和矩形波。

2）测量频率范围：分 3 档：1 ~ 999Hz；0.01 ~ 9.99kHz；0.1 ~ 99.9kHz。

3）测量周期范围：1ms ~ 1s。

4）测量脉宽范围：1ms ~ 1s。

5）测量精度：显示 3 位有效数字（要求分析 1Hz、1kHz 和 999kHz 的测量误差）。

6）当被测信号的频率超出测量范围时，报警。

（2）扩展指标

要求测量频率值时，1Hz ~ 99.9kHz 的精度均为 ±1Hz。

3. 设计方案提示

（1）算法设计

频率是周期信号每秒钟内所含的周期数值。可根据这一定义采用如图 4-14 所示的算法。图 4-15 是根据算法构建的框图。

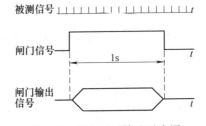

图 4-14　频率测量算法示意图

在测试电路中设置一个闸门产生电路，用于产生脉冲宽度为 1s 的闸门信号。改闸门信号控制闸门电路的导通与开断。让被测信号送入闸门电路，当 1s 闸门脉冲到来时闸门导通，

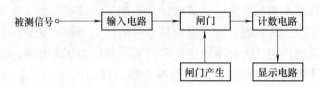

图 4-15　频率测量算法对应的框图

被测信号通过闸门并到达后面的计数电路（计数电路用以计算被测输入信号的周期数），当 1s 闸门结束时，闸门再次关闭，此时计数器记录的周期个数为 1s 内被测信号的周期个数，即为被测信号的频率。测量频率的误差与闸门信号的精度直接相关，因此，为保证在 1s 内被测信号的周期量误差在 10^{-3} 量级，则要求闸门信号的精度为 10^{-4} 量级。例如，当被测信号为 1kHz 时，在 1s 的闸门脉冲期间计数器将计数 1000 次，由于闸门脉冲精度为 10^{-3}，闸门信号的误差不大于 0.1s，固由此造成的计数误差不会超过 1，符合 5×10^{-3} 的误差要求。进一步分析可知，当被测信号频率增高时，在闸门脉冲精度不变的情况下，计数器误差的绝对值会增大，但是相对误差仍在 5×10^{-3} 范围内。

但是这一算法在被测信号频率很低时便呈现出严重的缺点，例如，当被测信号为 0.5Hz 时其周期是 2s，这时闸门脉冲仍为 1s 显然是不行的，故应加宽闸门脉冲宽度。假设闸门脉冲宽度加至 10s，则闸门导通期间可以计数 5 次，由于数值 5 是 10s 的计数结果，故在显示之前必须将计数值除以 10。

（2）整体框图及原理

输入电路：由于输入的信号可以是正弦波，三角波。而后面的闸门或计数电路要求被测信号为矩形波，所以需要设计一个整形电路，在测量的时候，首先通过整形电路将正弦波或者三角波转化成矩形波。在整形之前由于不清楚被测信号的强弱情况，所以在整形之前通过放大衰减处理。当输入信号电压幅度较大时，通过输入衰减电路将电压幅度降低。当输入信号电压幅度较小时，前级输入衰减为零时若不能驱动后面的整形电路，则调节输入放大的增益，使被测信号得以放大。

频率测量：测量频率的原理框图如图 4-16 所示。测量频率共有 3 个档位。被测信号经整形后变为脉冲信号（矩形波或者方波），送入闸门电路，等待时基信号的到来。时基信号由 555 定时器构成一个较稳定的多谐振荡器，经整形分频后，产生一个标准的时基信号，作为闸门开通的基准时间。被测信号通过闸门，作为计数器的时钟信号，计数器即开始记录时钟的个数，这样就达到了测量频率的目的。

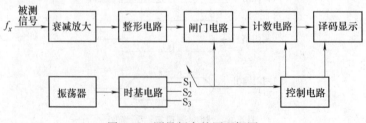

图 4-16　测量频率的原理框图

周期测量：测量周期的原理框图如图 4-17 所示。测量周期的方法与测量频率的方法相反，即将被测信号经整形、二分频电路后转变为方波信号。方波信号中的脉冲宽度恰好为被测信号的 1 个周期。将方波的脉宽作为闸门导通的时间，在闸门导通的时间里，计数器记录标准时基信号通过闸门的重复周期个数。计数器累计的结果可以换算出被测信号的周期。用时间 T_x 来表示：

$$T_x = NT_s$$

式中，T_x 为被测信号的周期；N 为计数器脉冲计数值；T_s 为时基信号周期。

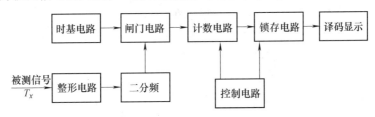

图 4-17　测量周期的原理框图

时基电路：时基信号由 555 定时器、RC 阻容件构成多谐振荡器，其两个暂态时间分别为：$T_1 = 0.7(R_a + R_b)C$，$T_2 = 0.7R_b C$。重复周期为 $T = T_1 + T_2$。由于被测信号范围为 1Hz ~ 1MHz，如果只采用一种闸门脉冲信号，则只能是 10s 脉冲宽度的闸门信号，若被测信号为较高频率，计数电路的位数要很多，而且测量时间过长会给用户带来不便，所以可将频率范围设为几档：1Hz ~ 999Hz 档采用 1s 闸门脉宽；0.01 ~ 9.99kHz 档采用 0.1s 闸门脉宽；0.1 ~ 99.9kHz 档采用 0.01s 闸门脉宽。多谐振荡器经二级 10 分频电路后，可提取因档位变化所需的闸门时间 1ms、0.1ms、0.01ms。闸门时间要求非常准确，它直接影响到测量精度，在要求高精度、高稳定度的场合，通常用晶体振荡器作为标准时基信号。在实验中我们采用的就是前一种方案。在电路中引进电位器来调节振荡器产生的频率，使得能够产生 1kHz 的信号。这对后面的测量精度起到决定性的作用。

计数显示电路：在闸门电路导通的情况下，开始计数被测信号中有多少个上升沿。在计数的时候数码管不显示数字。当计数完成后，此时要使数码管显示计数完成后的数字。

控制电路：控制电路里面要产生计数清零信号和锁存控制信号。控制电路工作波形的示意图如图 4-18 所示。

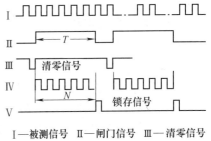

Ⅰ—被测信号　Ⅱ—闸门信号　Ⅲ—清零信号
Ⅴ—锁存信号

图 4-18　控制电路工作波形的示意图

4.5　数字电子技术课程设计参考题

1. 集成数字式闹钟

设计任务与要求：

1）时钟功能：具有 24h 或 12h 的计时方式，显示时、分、秒。

2）具有快速校准时、分、秒的功能。

3）能设定起闹时刻，响闹时间为 1min，超过 1min 自动停；具有人工止闹功能；止闹后不再重新操作，将不再发生起闹。

4）计时准确度：每天计时误差不超过 10s。

5）供电方式：220V，50Hz 交流供电，当交流中断时，自动接上内部备用电源供电，不影响计时功能。

2. 直流可变稳压电源的设计

设计任务与要求：

1）用集成芯片制作一个 0 ~ 15V 的直流电源。

2）功率要求 15W 以上。

3）测量直流稳压电源的纹波系数。

4）具有过电压、过电流保护。

5）测量结果数字动态显示，显示位数自定义。

3. OTL 互补对称功率放大器

设计任务与要求：

1）利用晶体管构成互补推挽 OTL 功放电路。

2）功率放大倍数自定义。

3）测量 OTL 互补对称功率放大器的主要性能指标。

4）测量结果数字动态显示，显示位数自定义。

4. 复印机逻辑控制电路

设计任务与要求：

1）设置复印张数。从键盘（0 ~ 9）输入复印的张数。

2）显示复印数。显示位数为两位，最大数为 99。

3）运行 RUN 键后，电路开始自动工作。

4）显示的复印数能自动递减。每复印一张，数字递减一次，直到 0 停机。

5. 乐曲硬件演奏电路

设计任务与要求：

1）利用数控分频器设计硬件乐曲演奏电路。

2）利用给定的音符数据定制 ROM"music"。

3）设计乘法器逻辑框图，并在 Quartus Ⅱ 上完成全部设计。

4）与演奏发音相对应的简谱码输出在数码管上显示。

5）扩展功能：争取可以在一个 ROM 装上多首歌曲，可手动或自动选择歌曲。

6. 简易万用电表的制作

设计任务与要求：

1）设计由集成运放组成万用电表。

2）至少能测量电阻、电容、电流和电压。

3）选择适当的元器件并安装调试。

4）测量一些电子元器件的参数，检验其测量准确率。

7. 信号峰值检测仪

设计任务与要求：

1）自定义检测信号，如机械应力、工频电压、工频电流等物理量。

2）测量结果数字动态显示，显示位数自定义。

3）要求检测仪能稳定的保持输入信号的峰值。

8. 楼道触摸延时开关

设计任务与要求：

1）设计一楼道触摸延时开关，其功能是当人用手触摸开关时，照明灯点亮，并持续一段时间后自动熄灭。

2）开关的延时时间约 1min 左右。

9. 自动水龙头的设计

设计任务与要求：

1）设计一个红外线自动水龙头电路，要求当人或物体靠近时，水龙头自动放水，而人或物体离开时水龙头自动关闭。

2）采用红外线传感器。

3）开关使用电磁阀工作。

10. 简易交通灯控制逻辑电路设计

设计任务与要求：

1）东西方向绿灯亮，南北方向红灯亮，时间 15s。

2）东西方向与南北方向黄灯亮，时间 5s。

3）南北方向绿灯亮，东西方向红灯亮，时间 10s。

4）如果发生紧急事件，可以手动控制 4 个方向红灯全亮。

11. 波形发生器

设计任务与要求：

1）用集成运放组成的正弦波、方波和三角波发生器。

2）幅值和频率测量结果数字动态显示，显示位数自定义。

3）正弦波、方波和三角波的幅值、频率、相位可调。

12. 过/欠电压保护提示电路

设计任务与要求：

1）设计一个过/欠电压保护电路，当电网交流电压大于 250V 或小于 180V 时，经 3 ~ 4s 本装置将切断用电设备的交流供电，并用 LED 发光警示。

2）在电网交流电压恢复正常后，经本装置延时 3 ~ 5min 后恢复用电设备的交流供电。

13. 音乐彩灯控制器

设计任务与要求：

1）设计一个音乐声响与彩灯灯光相互组合的彩灯控制电路。

2）有三路不同控制方法的彩灯，用不同颜色的 LED 表示。

3）第一路为音乐节奏控制彩灯，按音乐节拍变换彩灯花样。

4）第二路按音乐大小控制彩灯，音量大时，彩灯亮度加大，反之亦然。

5）第三路按音调高低控制彩灯。

14. 简易频率计

设计任务与要求：

1）设计制作一个简易频率测量电路，实现数码显示。

2）测量范围：10Hz ~ 99.99kHz。

3）测量精度：10Hz。

4）输入信号幅值：20mV ~ 5V。

5）输入阻抗：1MΩ。

6）显示方式：4 位 LED 数码。

15. 电子秒表电路

设计任务与要求：

1）显示分辨率为 1s/100，外接系统时钟频率为 100kHz。

2）计时最长时间为 1h，6 位显示器，显示时间最长为 59min 59.99s。

3）系统设置启/停键和复位键。复位键用来消零，做好计时准备。启/停键是控制秒表起停的功能键。

16. 数字电子钟设计

设计任务与要求：

1）显示时、分、秒。

2）可以 24h 制或 12h 制。

3）具有校时功能，分别对小时和分钟单独校时，对分钟校时的时候，最大分钟不向小时进位。校时时钟源可以手动输入或借用电路中的时钟。

4）具有整点报时功能，整点前 10s 开始，蜂鸣器 1s 响 1s 停地响 5 次。

5）为了保证计时准确、稳定，由晶体振荡器提供标准时间的基准信号。

17. 抢答器电路设计

设计任务与要求：

1）可容纳 8 组参赛的数字式抢答器。

2）电路具有第一抢答信号的鉴别与保持功能。

3）抢答优先者声光提示。

4）回答计时与计分。

18. 电子调光控制器

设计任务与要求：

1）设计并制造用电子控制的调光控制器。

2）控制器的控制信号输入用触摸开关。

3）灯光控制应满足亮度变化平稳且单调变化，不会发生忽暗忽明现象。

4）供电 AC 220V、50Hz。

19. 数字显示电阻测量仪

设计任务与要求：

1）设计并制作 $4\frac{1}{2}$ 位数字显示电阻测量仪，电阻值用 LED 数码管显示，单位为 Ω 或 kΩ 或 MΩ，在不同单位时，应有相应的指示。

2）测量的电阻值范围为 0.01Ω ~ 20MΩ。

3）测量误差：相对误差 < 2%。

4）测量量程分档：0 ~ 199.99Ω；0 ~ 1999.9Ω；0 ~ 20kΩ；0 ~ 200kΩ；0 ~ 2 000kΩ；0 ~

$20M\Omega$。

5）具有测量刻度校准功能，通过外接标准电阻来调节实现此功能。

20. 水位控制器

设计任务与要求：

1）设计并制作一个水塔水位控制器，该控制器具有 4 个水位检测输入，由低到高水位检测点分别为 H1、H2、H3、H4；控制器根据水位状态控制两个水泵的工作。

2）在各水位检测点，应能准确可靠地检测出水位状态，所设计（或选购）的传感器能经受长期水泡的工作环境而不影响其性能。

3）两台水泵分别为 M1 和 M2，当水位低于 H1 时，开水泵 M1 和 M2，当水位高于 H4 时，关掉两台水泵。水位由 H1 上升至 H3 时，关掉水泵 M1；水位由 H4 降至 H2 时，打开水泵 M1。

4）备用泵的控制：当两台工作水泵任一台发生故障时，应能检测出故障，并使备用水泵投入工作而取代故障水泵。在备用水泵投入运行后，对故障水泵有相应的指示。

5）每台水泵的功率设为 10kW。

21. 逻辑电路控制的公共汽车语音报站器

设计任务与要求：

1）用 EPROM（或 E^2PROM）、语音芯片及相应的控制逻辑电路，制作一个公共汽车语音报站器。

2）报站点可达 10 个。

3）每个站报站一次的时间 15s，重复次数 2 ~ 5 次，可由开关选定。

4）所用的按键数量尽可能少且应易于操作。

5）供电用汽车蓄电池。

6）所驱动的扬声器功率为 $2 \times 8W$。

22. 脉冲按键电话按键显示器

设计任务与要求：

1）设计并制作具有 12 位显示的电话按键显示器。

2）能准确反映按键数字，例如按下“5”，则显示器显示“5”。

3）显示器显示从低位向高位前移，逐位显示按键数字，最低位为当前输入位；

4）重按键时，能首先清除显示。

5）直接利用电话机电源。

6）在挂机 2min 后或按熄灭按键，熄灭显示器显示。

23. 视频信号切换器

设计任务与要求：

1）设计并制作一个适用于闭路电视监视系统中，对多路视频信号进行切换选择的视频信号切换器。

2）视频信号共有 8 个通道。

3）要求能显示当前接通的通道号。

4）具有手动选择切换视频通道和自动巡回切换通道的功能。

5）在选择手动切换时，按一下通道按键选择该通道，直到再按下其他通道为止。

6）在自动状态时，轮流接通各通道，每个通道的接通时间比例可编程设定，时间长短可通过相关按钮选择。

7）每次只能接通一路，用电磁继电器执行操作。

24. 简易数字相位计

设计任务与要求：

1）具有两个信号输入通道，且每个输入通道的阻抗均大于 $1M\Omega$。

2）输入信号频率范围自定义。

3）输入信号幅值自定义。

4）能分辨超前与滞后。

5）测量精度为 $0.1°$。

6）分析测量误差产生的原因及可改进的措施。

25. 循环彩灯控制器

设计任务与要求：

1）共有红、绿、黄 3 色彩灯各 9 个，要求按一定顺序和时间关系运行。

2）动作要求：先红灯，后绿灯，再黄灯，分别按 0.5s 的速度跑动一次，然后，全部红灯亮 5s，再黄灯，后绿灯，各一次。以此循环。

3）对各组灯的控制，要求有驱动电路。

4）对跑动电路，可以每 3 个一组，交叉安装，分别点亮每一组，利用视觉暂停，达到跑动的效果。

5）系统要求仿真实验。

26. 复用 4×4 键盘电路

设计任务与要求：

1）通过功能（拨码）开关设置复用键盘表现为两种使用方式。

2）一种工作方式呈现 4×4 矩阵键盘（占用 8 个口线），另一种工作方式呈现 16 个单一按键（占用 16 个口线）。

3）作为 16 个单一按键使用时每个按键信号值既可以高电平有效也可以低电平有效。

27. 电子脉搏计设计

设计任务与要求：

1）实现在 15s 内测量 1min 的脉搏数。

2）用数码管将测得的脉搏数用数字的形式显示。

3）测量误差小于 ±4 次/min。

4）画出电路原理图。

5）进行电路的仿真与调试。

28. 简易洗衣机控制器设计

设计任务与要求：

1）设计一个电子定时器，控制洗衣机按如下洗涤模式进行工作。

定时启动 → 正转20s → 暂停10s → 反转20s → 暂停10s ────────→ 停机

定时测

定时末测

2）当定时时间达到终点时，一方面使电动机停机，同时发出音响信号提醒用户注意。

3）用两位数码管显示洗涤的预置时间（以 min 为单位），按倒计时方式对洗涤过程作计时显示，直到时间到而停机。

4）3 只 LED 灯表示"正转"、"反转"和"暂停"3 个状态。

5）画出电路原理图。

6）进行电路的仿真与调试。

29. 电子密码锁

设计任务与要求：

1）用电子器件设计制作一个密码锁，使之在输入正确的代码时开锁。

2）在锁的控制电路中设一个可以修改的 4 位代码，当输入的代码和控制电路的代码一致时锁打开。

3）用红灯亮、绿灯灭表示关锁，绿灯亮、红灯灭表示开锁。

4）如 5s 内未将锁打开，则电路自动复位进入自锁状态，并发报警信号。

30. 步进电动机控制电路的设计

设计任务与要求：

1）使用 D 触发器或主从 JK 触发器设计一个兼有三相六拍、三相三拍两种工作方式的脉冲分配器。

2）能控制步进电动机作正向和反向运动。

3）设计电路工作的时钟信号频率为 10 ~ 100Hz。

4）设计驱动步进电动机的脉冲放大电路，使之能驱动一个相电压为 24V、相电流为 0.2A 的步进电动机工作。

31. 超声波防盗报警装置

设计任务与要求：

1）利用超声波发射器与接收器设计出一个室内防盗报警装置。

2）要求侦测范围 5 ~ 10m。

3）有效范围内侦测到有物体移动时，延迟约 20s 发出声光报警。

4）有容许使用者进入时切除报警的装置。

5）发出报警信号 2min 后，自动切除报警。

32. 电冰箱保护器

设计任务与要求：

1）设计并制作电冰箱保护器，具有过电压、欠电压保护，上电延时等功能。

2）电压在 180 ~ 250V 范围内，正常供电时绿灯亮。

3）过电压保护：当电压高于 250V 时，自动切断电源，红灯亮。

4）欠电压保护：当电压低于 180V 时，自动切断电源，红灯亮。

5）延时保护：在上电、欠电压、过电压保护切断电源时，延时 3 ~ 5min 才可接通电源。

33. 自动售货机控制器设计与仿真

设计任务与要求：

1）自动售货机能出售 1 元、5 元、10 元 3 种商品。

2）出售哪种商品可由顾客按动相应的一个按键即可，并同时用数码管显示出此商品的价格。

3）顾客投入硬（纸）币的钱数也是有 1 元、5 元、10 元 3 种，但每次只能投入其中的一种币，此操作通过按动相应的一个按键来模拟，并同时用数码管将投币额显示出来。

4）顾客投币后，按一次确认键，如果投币额不足时则报警，报警时间 3s。如果投币额足够时自动送出货物（送出的货物用相应不同的指示灯显示来模拟），同时多余的钱应找回，找回的钱数用数码管显示出来。

5）顾客一旦按动确认键 3s 后，自动售货机即可自动恢复到初始状态，此时才允许顾客进行下一次购货操作。

6）此售货机要设有一个由商家控制的整体复位控制。

34. 路灯控制器的设计与制作

设计任务与要求：

1）设计制作一个路灯自动照明的控制电路，当日照光亮到一定的程度时路灯自动熄灭，而日照光亮暗到一定程度时路灯自动点亮。

2）设计计时电路，用数码管显示路灯当前一次的连续开启时间。

3）设计计数显示电路，统计路灯的开启次数。

附　　录

附录 A　EWB 电子电路仿真软件介绍及应用

A.1　电子工作平台（EWB）概述

随着电子技术和计算机技术的发展，电子产品已与计算机紧密相连，电子产品的智能化日益完善，电路的集成度越来越高，而产品的更新周期却越来越短。电子设计自动化（EDA）技术，使得电子线路的设计人员能在计算机上完成电路的功能设计、逻辑设计、性能分析、时序测试直至印制电路板的自动设计。EDA 是在计算机辅助设计（CAD）技术的基础上发展起来的计算机设计软件系统。与早期的 CAD 软件相比，EDA 软件的自动化程度更高、功能更完善、运行速度更快，而且操作界面友善，有良好的数据开放性和互换性。

电子工作平台（EWB）是加拿大 Interaction Image Technologies 公司于 20 世纪 80 年代末、90 年代初推出的电路分析和设计软件，它具有这样一些特点：

1）采用图形方式创建电路：绘制电路图需要的元器件、电路仿真需要的测试仪器均可直接从屏幕上选取。

2）提供了较为详细的电路分析功能。

因此，电子设计自动化技术非常适合电子类课程的教学和实验。

A.2　EWB 的基本界面

1. EWB 的主窗口

主要包括：菜单栏、工具栏、元器件库、电路工作区、状态栏、启动/停止开关及暂停/恢复开关等几部分。

2. EWB 的工具栏

工具栏中各个按钮的名称如下（从左到右）：

新建、打开、保存、打印、剪切、复制、粘贴、旋转、水平翻转、垂直翻转、子电路、分析图、元器件特性、缩小、放大、缩放比例及帮助。

3. EWB 的元器件库栏

EWB 提供了非常丰富的元器件库和各种常用的测试仪器。

元器件库栏中各个按钮的名称如下（从左到右）：

自定义器件库、信号源库、基本器件库、二极管库、晶体管库、模拟集成电路库、混合集成电路库、数字集成电路库、逻辑门器件库、数字器件库、控制器件库、其他器件库及仪器库。

（1）信号源库

信号源库（Sources）栏中各个按钮的名称如下（从左到右）：

第一行：接地、直流电压源、直流电流源、交流电压源、电压控制电压源、电流控制电流源、V_{CC}电压源、V_{DD}电压源及时钟脉冲；

第二行：调幅源、调频源、压控正弦波、压控三角波、压控方波、压控单脉冲、分段线性源、压控分段线性源、频移键控源 FSK、多项式源及非线性相关源。

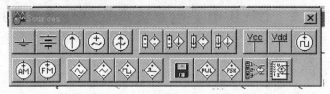

（2）基本器件库

基本器件库（Basic）栏中各个按钮的名称如下（从左到右）：

第一行：连接点、电阻、电容、电感、变压器、继电器、开关、延时开关、压控开关、流控开关及上拉电阻；

第二行：电位器、排电阻、压控模拟开关、极性电容、可调电阻、可调电感、无芯线圈、磁芯及非线性变压器。

（3）二极管库

二极管库（Diodes）栏中各个按钮的名称如下（从左到右）：

二极管、稳压二极管、发光二极管、全波桥式整流器、肖特基二极管、单向晶闸管、双向晶闸管。

（4）晶体管库

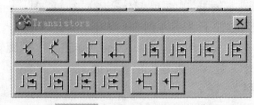

晶体管（Transistors）栏中：⊣⊢⊣⊢ 分别为 N（P）沟道砷化镓。

（5）模拟集成电路库

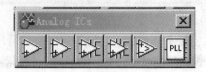

模拟集成电路库（Analog ICs）栏中各个按钮的名称如下（从左到右）：

三端运放、五端运放、七端运放、九端运放、比较器及锁相环。

（6）混合集成电路库

混合集成电路库（Mixed ICs）栏中各个按钮的名称如下（从左到右）：

A/D 转换器、电流输出 D/A、电压输出 D/A、单稳态触发器及 555 电路。

（7）数字集成电路库（Digital ICs）

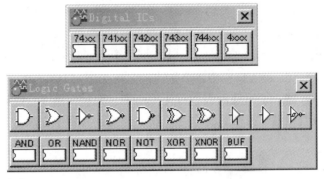

（8）逻辑门电路库

逻辑门电路库（Logic Gates）栏中各个按钮的名称如下（从左到右）：

第一行：与门、或门、非门、或非门、与非门、异或门、同或门、三态缓冲器、缓冲器及施密特触发器；

第二行：与门（或门、与非门、或非门、非门、异或门、同或门）芯片及缓冲芯片。

（9）数字器件库

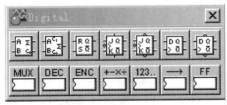

数字器件库（Digital）栏中各个按钮的名称如下（从左到右）：

第一行：半加器、全加器、RS 触发器、JK 触发器一（二）型及 D 触发器一（二）型；

第二行：多路选择器（多路分配器、编码器、算术运算、计数器、移位寄存器）芯片及触发器芯片。

（10）指示器件库

指示器件库（Indicators）栏中各个按钮的名称如下（从左到右）：

电压表、电流表、灯泡、彩色指示灯、七段数码管、译码数码管、蜂鸣器、条形光柱及译码条形光柱。

（11）控制器件库

控制器件库（Controls）栏中各个按钮的名称如下（从左到右）：

电压微分器、电压积分器、电压比例模块、乘法器、除法器、三端电压加法器、电压限幅器、电流限幅模块、电压滞回模块及电压变化率模块。

（12）其他器件库

其他器件库（Miscellaneous）栏中各个按钮的名称如下（从左到右）：

熔断器、数据写入器、子电路网表、有耗传输线、无耗传输线、晶体、直流电机、真空晶体管、开关式升压变压器、开关式降压变压器、开关式升降压变压器、文本框及标题栏。

（13）仪器库

仪器库（Instruments）栏中各个按钮的名称如下（从左到右）：

数字多用表、函数发生器、示波器、伯德图仪、字信号发生器、逻辑分析仪、逻辑转换仪。

A.3　EWB 的基本操作方法

1. 电路的创建

（1）元器件的操作

主要包括：元器件的选用；元器件的移动、旋转、复制和删除；元器件标志（Label）、编号（Reference ID）、数值（Value）、模型参数（Model）、故障（Fault）等特性的设置。

说明：

① 元器件各种特性参数的设置可通过双击元器件弹出的对话框进行。

② 编号（Reference ID）通常由系统自动分配，必要时可以修改，但必须保证编号的唯一性。

③ 故障（Fault）选项可供人为设置元器件的隐含故障，包括开路（Open）、短路（Short）、漏电（Leakage）、无故障（None）等设置。

（2）导线的操作

主要包括：导线的连接、弯曲导线的调整、导线颜色的改变及连接点的使用。

说明：

1）连接点是一个小圆点，存放在无源元件库中，一个连接点最多可以连接来自 4 个方向的导线，而且连接点可以赋予标志。

2）向电路插入元件，可直接将元件拖拽放置在导线上，然后释放即可插入电路中。

（3）电路图选项的设置

Circuit/Schematic Option 对话框可设置标志、编号、数值、模型参数、接点号等的显示方式及有关栅格（Grid）、显示字体（Fonts）的设置，该设置对整个电路图的显示方式有效。其中接点号是在连接电路时，EWB 自动为每个连接点分配的。

2. 模拟仪表的使用

1）数字多用表。

2）函数信号发生器。

3）示波器。示波器的图标和面板如图 A-1 所示。

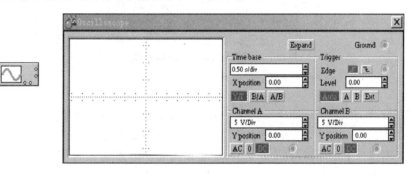

图 A-1　示波器的图标和面板

各部分所代表的含义如下：

Expand——面板扩展按钮；

Time base——时基控制；

Trigger——触发控制；包括：①Edge——上（下）跳变触发；②Level——触发电平；③触发信号选择按钮：Auto（自动触发按钮），A、B（A、B 通道触发按钮），Ext（外触发按钮）；

X（Y）position——X（Y）轴偏置；

Y/T、B/A、A/B——显示方式选择按钮（幅度/时间、B 通道/A 通道、A 通道/B 通道）；

AC、0、DC——Y 轴输入方式按钮（AC、0、DC）。

4）伯德图仪。

3. 数字仪表的使用

（1）字信号发生器

字信号发生器实际上是一个多路逻辑信号源，它能够产生 16 位（路）同步逻辑信号，用于对数字逻辑电路进行测试。图标和面板如图 A-2 所示。

在字信号编辑区，16bit 的字信号以 4 位十六进制数编辑和存放。可以存放 1024 条字信号，地址编号为 0～3FF（HEX）。字信号发生器被激活后，字信号被按照一定的规律逐行从底部的输出端输出，同时在面板的底部对应于各输出端的 16 个小圆圈内实时显示输出字信号各个位的值。

外触发输入
数据准备好输出端
16 路逻辑信号输出端

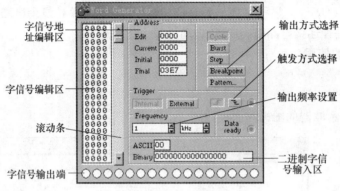

字信号地址编辑区
字信号编辑区
滚动条
字信号输出端

输出方式选择
触发方式选择
输出频率设置
二进制字信号输入区

图 A-2 字信号发生器图标和面板

字信号的输出方式分为 STEP（单步）、BURST（单帧）、CYCLE（循环）3 种方式。当选择 INTERNAL（内部）触发方式时，字信号的输出直接由输出方式按钮（STEP、BURST、CY-CLE）启动。当选择 EXTERNAL（外部）触发方式时，则需接入外触发脉冲信号，并定义"上升沿触发"或"下降沿触发"。然后单击输出方式按钮，待触发脉冲到来时才启动输出。

按下 Pattern 按钮弹出对话框如图 A-3 所示。

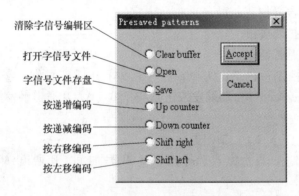

清除字信号编辑区
打开字信号文件
字信号文件存盘
按递增编码
按递减编码
按右移编码
按左移编码

图 A-3 按下 Pattern 按钮弹出对话框

（2）逻辑分析仪

逻辑分析仪可以同步记录和显示 16 路逻辑信号。它可以用于对数字逻辑信号的高速采集和时序分析，是分析和设计复杂数字系统的有力工具。

逻辑分析仪的图标和面板如图 A-4a 所示。面板左边的 16 个小圆圈对应 16 个输入端。小圆圈内实时显示各路输入逻辑信号的当前值。按从上到下排列依次为最低位至最高位。逻辑信号波形区以方波显示 16 路逻辑信号的波形。通过设置输入导线的颜色可修改相应波形的颜色。波形显示的时间轴刻度可通过面板下边的 Clocks per division 予以设置。拖曳读数指针可读取波形的数据。在面板下部的两个方框内显示指针所处位置的时间读数和逻辑读数。

逻辑分析仪图标和面板如图 A-4b 所示。

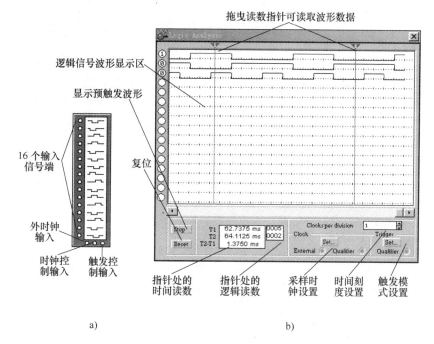

图 A-4　逻辑分析仪图标和面板

触发方式有多种选择。单击 Trigger 区的 Set 按钮弹出对话框如图 A-5 所示。对话框中可以输入 A、B、C 3 个触发字。3 个触发字的识别方式可通过 Trigger combination 进行选择，分为如下几种组合情况：

A or B

A or B or C

A then B

（A or B）then C

A then（B or C）

A then B then C

A then B（no C）

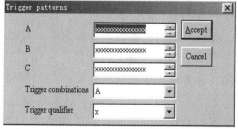

图 A-5　单击 Trigger 区的 Set 按钮弹出对话框

触发字的某一位置为 x 时表示该位为"任意"（0、1 均可）。3 个触发字的默认设置均为 xxxxxxxxxxxxxxxx，表示只要第一个输入逻辑信号到达，无论是什么逻辑值，逻辑分析仪均被触发开始波形的采集。否则必须满足触发字的组合条件才被触发。此外，Trigger qualifier（触发限定字）对触发有控制作用。若该位设为 x，触发控制不起作用，触发完全由触发字决定；若该位设置为 1（或 0），则仅当触发控制输入信号为 1（或 0）时，触发字才起作用；否则即使触发字组合条件满足也不能引起触发。

（3）逻辑转换仪

逻辑转换仪是 EWB 特有的仪表，实际工作中不存在与之对应的设备。逻辑转换仪能够完成真值表、逻辑表达式和逻辑电路之间的相互转换，这一功能给数字逻辑电路的设计与仿真带来了很大的方便。图标和按钮及其转换方式选择按钮的含义如图 A-6 所示。

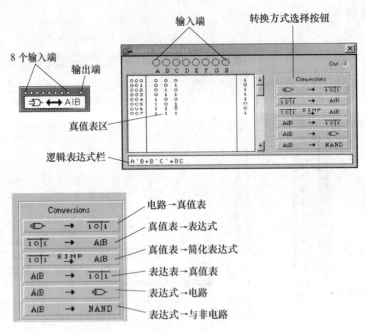

图 A-6　逻辑转换仪图标和按钮及其转换方式选择按钮的含义

由电路导出真值表的方法与步骤是：首先画出逻辑电路图，并将其输入端连接至逻辑转换仪的输入端，输出端连接至逻辑转换仪的输出端。此时按下"电路→真值表"按钮，在真值表区即出现该电路的真值表。

由真值表也可以导出逻辑表达式。首先根据输入信号的个数单击逻辑转换仪面板顶部代表输入端的小圆圈，选定输入信号（由 A 至 H）。此时真值表区自动出现输入信号的所有组合，而输出列的初始值则全部为零。可以根据所需要的逻辑关系修改真值表的输出值。然后按下"真值表→表达式"按钮，在面板的底部逻辑表达式栏出现相应的逻辑表达式。如果要简化该表达式或直接由真值表得到简化的逻辑表达式，按下"真值表→简化表达式"即可。表达式中的"'"表示逻辑变量的"非"。

可以直接在逻辑表达式栏输入表达式（"与-或"式及"或-与"式均可），然后按下"表达式→真值表"按钮得到相应的真值表；按下"表达式→电路"按钮得到相应的逻辑电路图；按下"表达式→与非电路"按钮得到由与非门构成的电路。

（4）元器件库和元器件的创建与删除

对于一些没有包括在元器件库内的元器件，可以采用自己设定的方法，自建元器件库和相应元器件。

EWB 自建元器件有两种方法：一种是将多个基本元器件组合在一起，作为一个"模块"使用，可采用下文提到的子电路生成的方法来实现；另一种方法是以库中的基本元器件为模板，对它内部参数作适当改动来得到，因而有其局限性。

若想删除所创建的库名，可到 EWB 的元器件库子目录名"Model"下，找出所需要删除的库名，然后将它删除。

（5）子电路的生成与使用

为了使电路连接简洁，可以将一部分常用电路定义为子电路。方法是：首先选中要定义为子电路的所有器件，然后单击工具栏上的生成子电路的按钮或选择 Circuit/Create Subcir-cuit 命令，在所弹出的对话框中填入子电路名称并根据需要单击其中的某个命令按钮，子电路的定义即告完成，所定义的子电路将存入自定义器件库中。为方便与其他电路的连接，应给子电路添加引出端，方法是从子电路中某一点拖拽引出线至子电路窗口的任意边沿处，待出现小方块时释放鼠标器，即得到一个引出端。对某一子电路的修改同时影响该子电路的其他复制。双击子电路图标可打开子电路窗口，对它做进一步的编辑和修改。

一般情况下，生成的子电路仅在本电路中有效。要应用到其他电路中，可使用剪贴板进行复制与粘贴操作，也可将其粘贴到（或直接编辑在）Default. ewb 文件的自定义器件库中，以后每次启动 EWB，自定义器件库中均自动包含该子电路供随时调用。

（6）帮助功能的使用

EWB 提供了丰富的帮助功能，选择 Help/Help Index 命令可调用和查阅有关的帮助内容。对于某一元器件或仪器，"选中"该对象，然后按 F1 键或单击工具栏的帮助按钮，即可弹出与该对象相关的内容。建议充分利用帮助内容。

A. 4　基本分析方法

1. 直流工作点的分析

直流工作点的分析是对电路进行进一步分析的基础。在分析直流工作点之前，要选定 Circuit/Schematic Option 中的 Show nodes（显示节点）项，以把电路的节点号显示在电路图上。

2. 直流扫描分析

直流扫描分析即分析当电路中一个或两个直流信号源发生变化时，电路中的某一节点的直流工作点的变化情况。

3. 交流频率分析

交流频率分析即分析电路的频率特性。需先选定被分析的电路节点，在分析时，电路的直流源将自动置零，交流信号源、电容、电感等均处于交流模式，输入信号也设定为正弦波形式。

4. 瞬态分析

瞬态分析即观察所选定的节点在整个显示周期中每一时刻的电压波形。在进行瞬态分析时，直流电源保持常数，交流信号源随着时间而改变，电容和电感都是能量储存模式元件。在对选定的节点做瞬态分析时，一般可先对该节点作直流工作点的分析，这样直流工作点的结果就可作为瞬态分析的初始条件。

5. 傅里叶分析

傅里叶分析用于分析一个时域信号的直流分量、基频分量和谐波分量。一般将电路中交流激励源的频率设定为基频，若在电路中有几个交流源时，可以将基频设定在这些频率的最小公因数上。

6. 噪声分析。

7. 失真分析

失真分析用于分析电子电路的谐波失真和内部调制失真。

8. 仿真过程的收敛和分析失效问题。

附录 B　MAX + plus Ⅱ 基本操作

附录 B 介绍 Altera 公司的 CPLD 的开发工具软件 MAX + plus Ⅱ。

MAX + plus Ⅱ 提供了与结构无关的设计环境，确保了易于输入设计，快速编译及完成器件编程。使用 MAX + plus Ⅱ 软件，设计者无需精通器件内部的复杂结构，只需用自己熟悉的设计工具，如高级行为语言、原理图或波形图进行设计输入，然后由 MAX + plus Ⅱ 将这些设计转换成目标结构所要求的格式。

MAX + plus Ⅱ 提供了丰富的逻辑功能库［包括 74 系列逻辑器件等效宏功能库、特殊宏功能库（Macro Function）、模块库以及参数化的兆功能（Mage Function）模块库］，供设计者使用。MAX + plus Ⅱ 还具有开放核的特点，允许设计人员添加自己的宏功能模块。充分利用这些逻辑功能模块，可大大减轻设计工作量。

B.1　设计环境与设计方法

1. MAX + plus Ⅱ 操作环境

（1）MAX + plus Ⅱ 的组成

MAX + plus Ⅱ 由设计输入、项目处理、项目校验和器件编程组成，如图 B-1 所示，所有这些部分都集成在一个可视化的操作环境下。

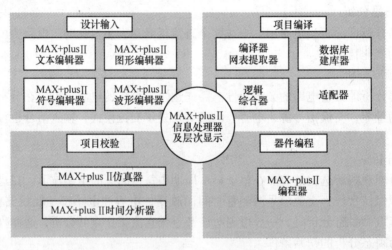

图 B-1　MAX + plus Ⅱ组成

（2）MAX + plus Ⅱ 管理窗口

MAX + plus Ⅱ 管理窗口包括项目路径、工作文件标题条、MAX + plus Ⅱ 菜单条、快捷工具条和工作区等几部分。启动 MAX + plus Ⅱ 即进入 MAX + plus Ⅱ 管理器窗口，如图 B-2 所示。

（3）MAX + plus Ⅱ 在线帮助

MAX + plus Ⅱ 提供了强大的在线帮助功能。通过使用在线帮助，用户可以获得设计中所需要的最新的全部信息。

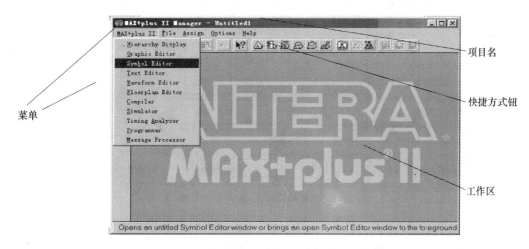

图 B-2　MAX + plus Ⅱ 管理器

2. MAX + plus Ⅱ 的设计方法

使用 MAX + plus Ⅱ 的设计过程如图 B-3 所示。若任一步出错或未达到设计要求，则应修正设计，重复各步。

图 B-3　MAX + plus Ⅱ 设计流程

（1）输入设计项目

逻辑设计的输入方法有图形输入、文本输入、波形输入及第三方 EDA 工具生成的设计网表文件输入等。输入方法不同，生成的设计文件也不同，如图 B-4 所示。

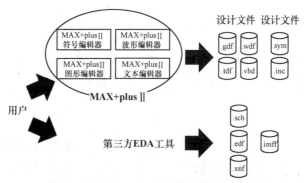

图 B-4　MAX + plus Ⅱ 的设计输入方法

（2）编译设计项目

首先，根据设计项目要求设定编译参数和编译策略，如选定器件、锁定引脚、设置逻辑综合方式等。然后，根据设定的编译参数和编译策略对设计项目进行网表提取、逻辑综合、器件适配，并产生报告文件、延时信息文件和器件编程文件，供分析、仿真及编程用，如图 B-5 所示。

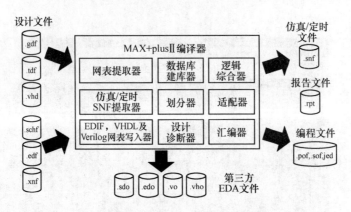

图 B-5　MAX + plus Ⅱ 的编译方法

（3）校验设计项目

项目校验方法包括功能仿真、模拟仿真和定时分析。

功能仿真是在不考虑器件延时的理想情况下仿真设计项目的一种项目验证方法，称为前仿真。通过功能仿真可以用来验证一个项目的逻辑功能是否正确。

模拟仿真（时序仿真）是在考虑设计项目具体适配器件的各种延时的情况下仿真设计项目的一种项目验证方法，称为后仿真。时序仿真不仅测试逻辑功能，还测试目标器件最差情况下的时间关系。通过时序仿真，在把项目编程到器件之前全面检测项目，以确保在各种可能的条件下都有正确的响应。MAX + plus Ⅱ 的仿真过程如图 B-6 所示。

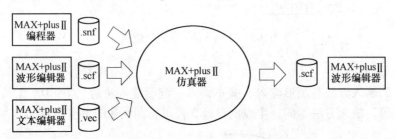

图 B-6　MAX + plus Ⅱ 的仿真过程

定时分析用来分析器件引脚及内部节点间的传输路径延时、时序逻辑的性能（如最高工作频率、最小时钟周期等）以及器件内部各种寄存器的建立/保持时间，如图 B-7 所示。

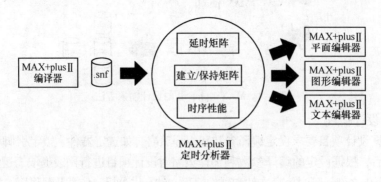

图 B-7　MAX + plus Ⅱ 的定时分析过程

（4）编程验证设计项目

用 MAX + plus Ⅱ编程器通过 Altera 编程硬件或其他工业标准编程器将经过仿真确认后的编程目标文件配置到所选定的 Altera CPLD 器件中，然后加入实际激励信号进行测试，检查是否达到设计要求。

B. 2 设计输入

1. 建立图形设计文件

指定设计项目的名字

1）指定设计项目的名字：MAX + plus Ⅱ编译器的工作对象是项目，所以在进行一个逻辑设计时，首先要指定该设计的项目名称，并且要保证一个设计项目中所有文件均出现在该项目的层次结构中。对于每个新的项目，应该建立一个独立的子目录。如果这个子目录不存在，MAX + plus Ⅱ将自动创建。初学者切记：每个设计必须有一个项目名，并且要保证项目名与设计文件名一致。

① 选中菜单项 File/Project/Name 或单击 快捷钮，出现图 B-8 所示对话框。

图 B-8　指定项目名对话框

② 在 Directories 栏中，选中 \ max2work \ time 作为当前目录，然后在 Project Name 对话框中键入 con12。如果 Directories 栏中只有 max2work 目录，请在 Project Name 项中键入 \ time \ con12（即建立自己的文件夹 time）。

③ 单击"OK"按钮，则 MAX + plus Ⅱ标题条会变成显示新的项目名字：MAX + plus Ⅱ Manager-d：\ \ max2work \ time \ con12。

2）建立一个新的图形文件

① 选择菜单项 File/New，或单击 快捷钮，出现图 B-9 所示 New 对话框。

② 在 New 对话框中选择 Graphic Editor File（图形编辑器文件），并在图形文件格式下拉列表

图 B-9　New 对话框

框中选择扩展名.gdf。

③ 单击"OK"按钮,出现无名称的图形编辑窗口,如图 B-10 所示。可以通过单击图形编辑器标题条中的缩放钮将图形编辑器窗口放至最大。

④ 选择菜单 File \ Save 或单击 💾 快捷钮,出现 Save As 对话窗口,选择单击"OK"按钮,即将 con12. gdf 文件保存到当前项目子目录下。

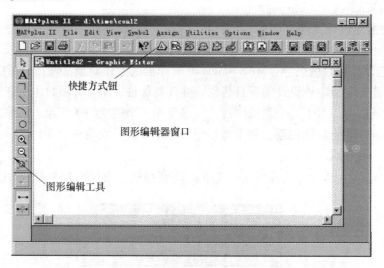

图 B-10　图形编辑器窗口

3) 输入图元和宏功能符号:MAX + plus Ⅱ提供了丰富的图元和宏功能符号(Primitive & Macrofunction)库,它们分类放在 Max2work \ maxlib \ 子目录下。

① Prim:Altera 的图元(基本逻辑块)。

② mf:7400 系列逻辑等效宏库。

③ mega-lpm:参数化模块库。包含兆功能模块(如 busmux、csfifo 等)、兆核功能模块(如 UARTs、FFT、FIR、PCI 等)。

④ edif:edif 接口库。

在图形设计文件中输入图元和宏功能符号的步骤如下:

① 在图形编辑器窗口(做图工具 按钮有效时)空白处双击鼠标左键(或者单击右键,在出现的菜单中选择 Enter Symbol),出现图 B-11 所示 Enter Symbol 对话框。

② 双击 Symbol Libraries 窗口中的 mf,在 Symbol File(符号列表)框内选中 74161,或者直接在 Symbol Name 框中直接输入 74161

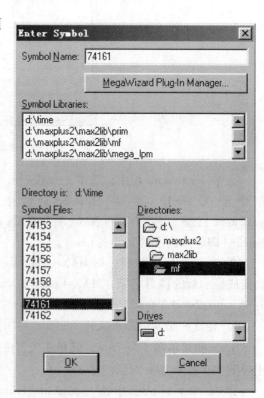

图 B-11　Enter Symbol 对话框

后，单击"OK"按钮，74161 符号在输入点附近显示出来。74161 宏功能块是一个 4 位十进制同步计数器。

③ 重复步骤①~③，输入图中其他符号。也可以用复制的方法输入相同的符号，其操作方法与一般 Windows 图形编辑器类似。

4）建立和显示导引线（Guideline）：为了增加逻辑图的可读性，可将逻辑符号经由水平和垂直导引网格线定位。可以设定导引线线距和显示/隐藏导引线：

① 选择菜单 Options/Guideline Spacing，显示出导引线线距对话框。

② 在 X Spacing（水平）和 Y Spacing（垂直）对话框中均键入 10，单击"OK"按钮。

③ 选择菜单 Options/Show Guidelines，即显示导引线，如图 B-12 所示。

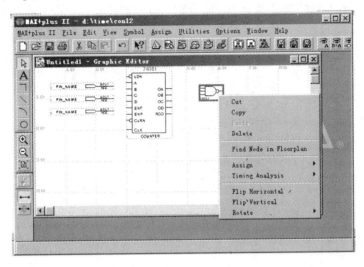

图 B-12　显示导引线、旋转符号示例

5）移动逻辑符号

① 单击 74161 符号，即选定这个符号（符号颜色发生变化，例如变红）。

② 按住鼠标左键，拖动 74161 符号并将其左上角定位在最近的导引线相交点上。符号的外形边界线随符号一起移动，这样就可以对此符号进行精确定位。

③ 符号定位后，释放鼠标左键。

④ 在 nand3 符号上，右击鼠标出现图 B-12 中所示下拉菜单。通过选择 Rotate、Flip Horizontal 或 FlipVertical 项，可分别对 nand3 符号进行旋转、水平镜像或垂直镜像操作。

⑤ 按下鼠标左键并拖动到一定位置松开，即可选定一个矩形区域。可按照上述②、③、④ 步移动该选定区域。

在 MAX + plus Ⅱ 图形或符号编辑器中，应用上述方法可以移动各种所选择的符号或其他图形或文本块。

6）输入 Input（输入）和 Output（输出）引脚

① 在符号 74161 的左边空白处单击鼠标右键，在出现的菜单中选择 Enter Symbol。（或者在空白处双击鼠标即可显示 Enter Symbol 对话框）。在符号名框（Symbol Name）中键入 Input 或者 Output，单击"OK"按钮，即显示出 Input 或 Output 符号。

② 在 Input 或 Output 符号上同时按下 Ctrl 键和鼠标左键，拖曳鼠标至该符号下方再放

开，即复制出 Input 或 Output 符号。

7）命名引脚

在一个图形文件中，每个图元及宏功能符号都有唯一的用数字表示的 ID 标志号。MAX + plus Ⅱ图形编辑器会按输入次序自动为图元及宏功能符号赋予 ID 号。

① 双击图 B-12 中左上方 Input 端口的默认引脚名 "PIN_NAME"，或者点击鼠标右键，在出现的菜单中选择 Edit Pin Name。

② 键入 en，则该 INPUT 端口更名为 en。

③ 将其余的 Input 和 Output 引脚名按图 B-13 更改。当编辑好一个引脚名后，如果按回车键，则会自动选中其下面的一个端口的引脚名字供编辑。

图 B-13 中的输入端口 en、clear 和 clk 分别为计数器使能、异步清除及时钟输出端口；q [3..0] 是输出总线的名字，代表计数器的 4 位总线输出。

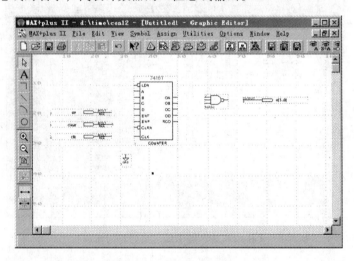

图 B-13　命名引脚示例图

8）连接逻辑符号

① 使用菜单命令 Options/Rubberbanding 或使用做图工具钮 ⊷ 和 ⊶ 打开或关闭橡皮筋连接功能。如果使两个符号的引线端直接接触或通过引线相连，则这两个符号便在逻辑上连接起来。在橡皮筋连接功能打开时，移动其中任一符号，则连接在该符号上的连线跟着移动，不改变同其他符号的连接关系；在橡皮筋连接功能关闭时，移动其中任一符号，则该符号被移走，不再维持和其他符号的连接关系。

② 移动逻辑符号到适当位置。

③ 选择连线工具。单击正交线工具 ⊐ 钮（或其他连线工具），鼠标变为 "十" 形状，表示当前为连线模式。在各种情况下，将鼠标移到引脚、符号或连线的端口，鼠标也会变为 "十" 形状，允许画线。

④ 选择连线类型。选择菜单命令 Option/Line Style，出现连线类型列表。在下拉列表框中选择实线类型（MAX + plus Ⅱ默认选择实线类型）。

⑤ 连线。将鼠标移向输入引脚 en 的引线端，一直按住鼠标左键拖动到 74161 的 ENT 输入引线端，释放鼠标左键。

⑥ 用正交线工具，可画直线或画带有一个拐折点的线。如果要画多个拐折连线，就需要在画完一条线之后，再画与这条线端点相连接的第二条线。只有当两条连线类型相同时，这两条线才会从逻辑上连接起来。

⑦ 当一条连线端点落在另一条线上时，会自动产生连接节点。可以通过点击节点产生工具钮　，将两条交叉线连接起来。

⑧ 重复步骤3）至6），画出其他连线如图 B-14 所示。

⑨ 画总线。如图附 B-14 所示，连接到 q [3..0] 输出的引线应是一条总线，所以要选择总线类型（Bus Line Style），即在 Line Style 中选择粗线可生成 Bus。

9）删除连线

① 单击待删除引线则选中鼠标所指处线段，双击待删除引线则选中与鼠标所指处线段相连的所有连线。

② 按 Del 键，即删除所选中的连线或线段。也可以在已选中的线段上右击鼠标选 Cut 项来删除所选中的连线或线段。

10）用名字来连接节点和总线

如果一个总线（Nodes Buses）中的某个成员名与一个连线（节点）名相同（不区分大、小写），那么它们的逻辑连接就存在了。例如，可以用名字 q0、q1、q2、q3 把 74161 符号的引线输出端 QA、QB、QC 和 QD 上的连线（节点）接到与 q[3..0] 相连的总线上去，如图 B-14 所示。

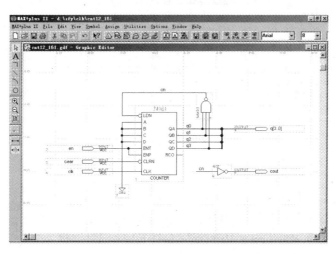

图 B-14　连线示例图

① 选择菜单命令 Options/Text Size 更改文字大小。如在文字大小列表中选 10。

② 选择菜单命令 Options/Font 更改字体。如果没有选择 Altera，从可用的 Fonts 下拉列表中选择 Altera 。

③ 单击 74161 符号的 QA 引线端延伸出去的连线（节点），则在该线下出现小方块插入点，键入 q0，q0 就出现在这条线上面。如果一个连线或总线名重叠在某个符号上，可以用鼠标把它拖到该连线或总线之上的其他地方。

④ 重复步骤③给其余的节点与总线命名。通过节点名把 q0、q1、q[2]（与 q2 等同）

和 q3 节点与总线 q[3..0] 从逻辑上连接起来（MAX4 + plus Ⅱ不区分大小写），尽管它们在几何上并未连接。

11）保存文件并检查基本错误

① 选择菜单命令 File/Project/Save & Check 或单击 📱快捷钮，即保存当前项目文件，打开 MAX + plus Ⅱ 编译器窗口，运行编译器网表提取器模块检查该文件的错误，更新层次结构的显示，给出错误和警告数目的信息等，如图 B-15 所示。

② 选择"确定"。如果 Save & Check 命令执行成功，无错误和警告信息，即单击编译器标题条右侧的关闭钮或双击编译器标题条（菜单条）左侧的编译器图标，以关闭编译器窗口，返回到图形编译器。

③ 如果编译器发出了错误或警告消息，可在消息处理器窗口中单击 Message 钮选择一条消息。通过单击 Locate 钮或者双击该条消息来找到该消息的产生地方，再通过单击 Help on Message 功能钮而得到相关的解释。应将设计文件中的错误加以改正并再次执行 Save & Check，直到无错为止。如果消息处理器窗口没有自动显示出来，可选择菜单命令 MAX + plus Ⅱ/Message Processor 来打开消息处理器窗口。

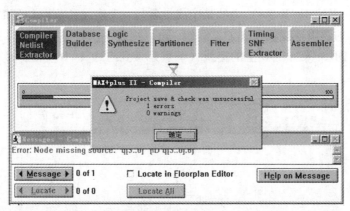

图 B-15　编译器窗口及消息处理器窗口

12）形成一个默认的逻辑符号

① 选择菜单命令 File/Create Default Symbol，即可创建一个默认的逻辑设计符号 con12. sym，它可以像其他符号（如 74161）一样在其他图形设计文件(. gdf)中调用。

② 若选择菜单命令 File/Create Default Include File，则可创建一个默认的 con12. inc 文件供其他文本文件调用。

在创建默认的逻辑设计符号时，如果存在同名符号，就会得到提示信息，询问是否覆盖现存的符号。若选"确定"，则用最新信息更新原符号文件内容。

可以通过选择菜单命令 File/Edit Symbol 编辑所选符号。

13）关闭文件

选择菜单命令 File/Close，或双击图形编辑器标题条（菜单条）左侧的图形编辑器图表，或单击图形编辑器标题条中的关闭钮，即关闭正显示 con12. gdf 文件的图形编辑器窗口。

2. 建立文本设计文件

采用 HDL 设计，可提高开发速度，设计易读。MAX + plus Ⅱ支持 AHDL、VHDL、Verilog

等硬件描述语言。这里仅介绍 VHDL 文本设计文件的建立。

设计步骤如下：

（1）指定项目名并建立一个新文件

1）选择菜单命令 File/Project/Name 或单击![]快捷钮，在 Project Name 对话框中输入 decode_7（参照图 B-8）。

2）选择菜单命令 File/New 或单击![]快捷钮，在 New 对话框中选择Text Editor file，再单击"OK"按钮，如图 B-16 所示，即出现一个无标题的文本编辑器（Untitled_Text Editor）窗口。双击文本编辑器标题条中部，将文本编辑器窗口最大化。

3）选择菜单命令 File/Save as，在 File Name 框内键入 decode_7. vhd，确保在 Directory is 栏中的当前目录是 \ max2work \ time，单击"OK"按钮，将 decode_7. vhd 文件保存起来。注意保存时选择. vhd 的文件后缀，且文件名必须与实体名相同。

文本编辑界面如图 B-17 所示。

图 B-16　NEW 对话框

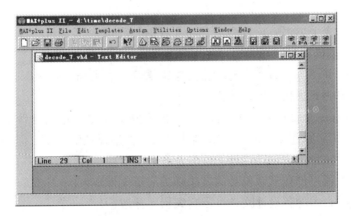

图 B-17　文本编辑器界面

（2）输入 VHDL 设计文件

在文本编辑器窗口内可键入 VHDL 文本文件，也可选择菜单命令 Template/VHDL Template …（VHDL 模板菜单）中相应的 Library Clause、Use Clause、Entity Declaration、Architection Body 等模块进行设计，如图 B-18 所示。

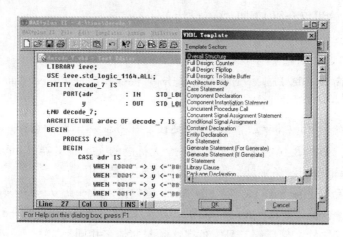

图 B-18　文本编辑器窗口及 VHDL 模板

（3）保存文件并检查句法错误

1）输入完成后，选择菜单命令 File/Project/Save & Check，在弹出的 Save As 窗口的 File Name 对话框中键入文件名 decode＿7. vhd；或键入 decode＿7 并选择 Automatic Extenfion 为 vhd。

2）单击"OK"按钮，若编译器发出错误或警告信息，则利用消息处理器窗口进行错误定位，寻求帮助并改正。若 Save & Check 命令执行完后，单击编译器窗口的关闭按钮，关闭该窗口。

（4）建立默认符号

1）选择菜单命令 MAX + plus Ⅱ/Text Editor，激活 decode_7. vhd 文本编辑窗口。

2）选择菜单命令 File/Create Default Symbol，单击"OK"按钮，建立符号文件 decode_7. sym。

3）选择菜单命令 File/Create Default lnclude File，即可创建一个 decode_7. inc 文件。

（5）关闭文本编辑器窗口

选择菜单命令 File/Close 或用鼠标单击文本编辑窗口右上角的"×"即可关闭该窗口。

3. HDL 语言和原理图混合输入方式

MAX + plus Ⅱ在一个设计方案中支持层次化设计输入方法。层次设计可以包含不同格式建立的设计文件，如：原理图输入、HDL 设计输入、波形设计输入等。但必须注意几点：

1）在同一设计项目中，顶层设计文件名及各底层对应的设计文件名必须是唯一的。

2）顶层文件可通过创建默认符号的方法降为底层文件。

3）同一设计项目中的各设计文件可重新编辑、修改。

4）在同一设计项目中，允许顶层及底层设计单向调用底层设计符号，禁止同一层之间的直接、间接调用，或对自身的递归调用。

下面以"led12"项目为例，介绍用 MAX + plus Ⅱ的图形编辑器创建顶层图形设计文件的方法。这里将用到前面创建的两个底层文件 con12. gdf 及 decode_7. vhd 的设计符号。创建步骤如下：

1）选择菜单命令 File/Project/Name，在 Projcct Name 窗口的 Project Name 对话框中键入

项目名称 led12，然后单击"OK"按钮。

2）打开图形编辑器．建立新的 .gdf 图形文件，如图 B-19 所示。

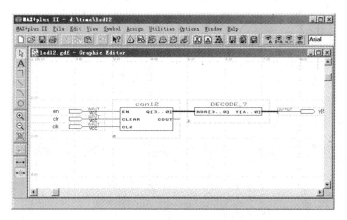

图 B-19　顶层图形设计文件

3）在图形编辑器中，输入底层设计文件符号 decode_7 和 con12；input 引脚和 output 引脚；连线；为引脚和引线命名。

4）选择 File/Project/Save & Check，出现 Save As 对话框；在 File Name 对话框中键入文件名 led12.gdf，单击"OK"按钮，出现 Compiler 窗口，若有错，则改错；执行通过后关闭窗口。

B.3　设计项目的编译

1. 层次显示

层次显示就是将项目中的所有设计文件和与项目名称有关的辅助文件以层次树结构的方式显示出来。

1）选择菜单命令 MAX + plus Ⅱ/Hierarchy Display（层次显示），出现层次显示窗口，显示 led12 的层次树结构，如图 B-20 所示。

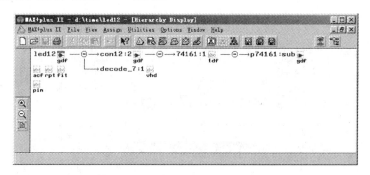

图 B-20　层次显示窗口

2）在层次树的文件名图标上双击，即可打开该文件并将该文件带到前台，以便阅读、编辑。

3）选择菜单命令 File/Close 或用鼠标单击编辑窗口右上角的"×"即可关闭文件。

2. 打开编译器窗口

1）由于 MAX + plus Ⅱ 编译器是对当前项目（而不是当前编辑的文件）进行编译的，所以一定要指定当前项目。选择菜单 File/Project/Set Project To Current File 或单击 快捷键，将当前编辑的文件指定为当前项目，当前项目路径和名称会出现在 MAX + plus Ⅱ 窗口标题中。

2）选择菜单命令 MAX + plus Ⅱ/Compiler，即可打开编译器窗口，如图 B-21 所示；单击"Start"按钮开始对项目进行编译。编译器可对项目进行检错、逻辑综合处理，并将结果加载到一个器件中，同时生成报告文件、编程文件和用于时间仿真的输出文件。

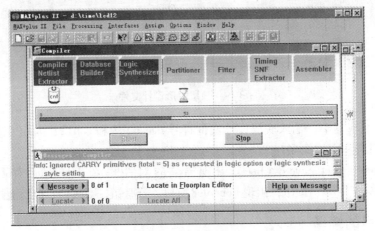

图 B-21　编译器窗口

3）为了有效地编译设计文件，编译前应设置选项。

3. 编译选项设置

（1）选择一种器件

编译项目时，需先为项目指定一个器件系列，然后由设计者或编译器指定具体器件。确定器件的步骤如下：

1）选择菜单项 Assign/Device，即可出现 Device 对话框，如图 B-22 所示。

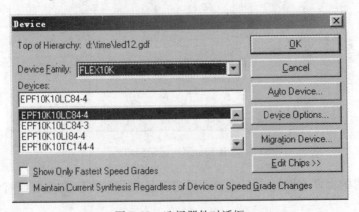

图 B-22　选择器件对话框

2）从 Device Family 下拉列表框中选择一个器件系列，如：FLEX10K。

3）在 Device 框中选择某一个具体器件，如 EPF10K10LC84-4；或选择 Auto 项，让 MAX +
plus Ⅱ 编译器为项目选定一个器件。

4）单击"OK"按钮。

（2）启用设计规则检查工具

在对项目进行编译时，可选用 Design Doctor 工具对项目中的所有设计文件进行检查，以
便发现在编程器件中可能存在的不可靠逻辑。

1）选择菜单命令 Processing/Design Doctor，将会在 Design Doctor 菜单项的左侧出现一个
确认标记，表示被选中，同时 Design Doctor 的图标显示在 Compile 窗口的 Logic Synthesizer 模
块下方。

2）选择菜单命令 Processing/Design Doctor Settings，出现 Design Doctor Settings 对话框。

3）对所选器件系列，选择一种设计规则，如：FLEX 规则，然后单击"OK"按钮，如
图 B-23 所示。

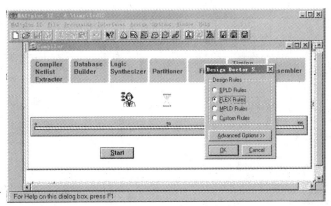

图 B-23　设置设计规则对话框

4）若不需要。关闭设计规则检查工具。

（3）设置保密位

保密位能防止一个器件被探测或被无意地重新编程。MAX + plus Ⅱ 允许设计者对项目中
的所有器件指定默认的保密位设置。对于 MAX7000 系列器件，保密位设置的步骤是

1）选择菜单命令 Assign/Global Project Device Option，即可出现 Global Project Device Op-
tion 对话框，如图 B-24 所示。

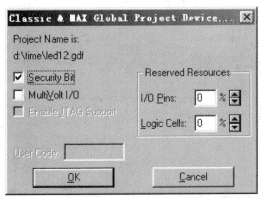

图 B-24　设置保密位对话框

2）如有必要，打开保密位（Security Bit），然后单击"OK"按钮；如不需要，则可关闭保密位，然后单击"OK"按钮。

（4）器件的引脚锁定

器件的引脚锁定是指如何将所设计的 I/O 信号安排在器件的指定引脚上。编译器可以自动为项目锁定引脚；设计者也可根据需要自行锁定引脚，但锁定前，必须为设计项目选定一种器件。器件的引脚锁定有两种方法：

1）从 MAX + plus Ⅱ 菜单下选择 Floorplan Editer，打开器件的平面布置图编辑器窗口，由鼠标拖动端口名至器件引脚号以完成引脚锁定，如图 B-25 所示。若打开的窗口与此不同，可在菜单 Layout 中选择 DeviceView，即可得到与图 B-25 所示相同的窗口。

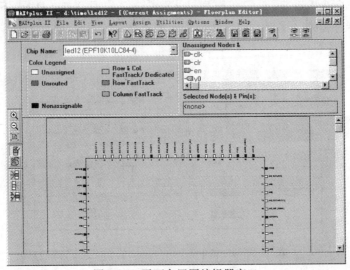

图 B-25　平面布置图编辑器窗口

2）选择菜单命令 Assign/Pin/Location/Chip，出现器件引脚对话框，如图 B-26 所示。在

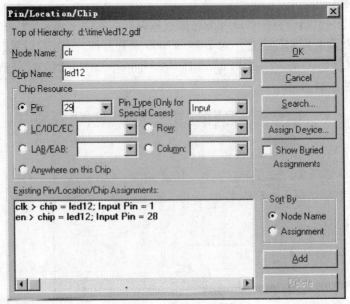

图 B-26　引脚锁定对话框

Node Name 对话栏中输入要锁定的端口名，或者通过单击"Search"打开 Search Node Data-base 对话框，在该对话框的 Node in Database 列表中选择要锁定的端口名，然后单击"OK"按钮；在 Pin 对话框的 Chip Resource 栏中，单击"Pin"按钮，输入要锁定的引脚号，然后单击"Add"或"OK"按钮。重复上述步骤，可完成引脚锁定。若输入的引脚号不是器件的 I/O 引脚，则出现错误信息。

（5）选择全局逻辑综合方式

MAX + plus Ⅱ 软件默认的逻辑综合方式是常规（Normal）方式，该方式的逻辑综合优化目标是使逻辑单元使用数达到最少。设计者也可为自己的设计项目选择一种逻辑综合方式，以便在编译过程中指导编译器的逻辑综合模块工作。自选逻辑综合方式的步骤如下：

1）选择菜单命令 Assign/Global Project Logic Synthesis，即可出现全局逻辑综合对话框，在 Global Proiect Synthesis style 下拉列表中选择所需类型。默认（Default）的逻辑综合类型是 Nomal；Fast 类型可改善项目性能，但该选项使项目配置比较困难；WYS/WYG 类型可进行最小量综合。

2）Optimize（优化）栏中的滑动块可在 0～10 之间滑动。若移到 0，则进行逻辑综合时优先考虑减少器件的资源占用率；若移到 10，则优先考虑系统的执行速度。

项目的器件划分与适配对话框如图 B-27 所示。

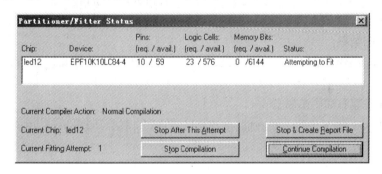

图 B-27　项目的器件划分与适配对话框

3）在 Partitioner/Fitter Status 对话框中单击"Continue Compilation"按钮继续进行编译。编译过程在后台进行。此时，若编译的项目比较大，需要等待的时间比较长，则可在编译开始后转到别的应用程序继续工作。编译结束后产生的代表输出文件的图标将会出现在各个模块框的下面，可以通过双击文件图标来打开这些输出文件。编译 led12 结束后，产生的消息框如图 B-28 所示。

图 B-28　led12 项目编译消息框

4）阅读报告文件：报告文件一般包括两种类型的信息：项目范围的信息（如：器件列

表、项目编译信息、文件层次结构信息等）和器件使用情况的信息（如：资源使用、布线资源、逻辑单元互联等）。设计者可直接从编译器窗口打开当前编译所产生的报告文件。步骤如下：

① 用鼠标左键双击 Compiler 窗口中的报告文件图标，报告文件即可出现在文本编辑器窗口中。如图 B-29 所示。

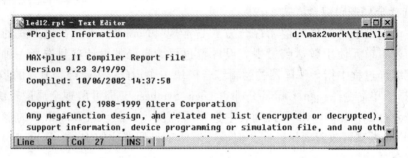

图 B-29　编译产生的报告文件 led12. rpt

② 选择快捷按钮图 **N?**，然后单击任意关键字或标题，即可获得相关的帮助信息。

③ 报告文件阅读完之后，关闭文本编辑器，回到编译器窗口。

④ 关闭编译器窗口。

4. 观察适配结果

在平面布局图编辑器（Floorplan Editor）中观察编译器的划分和适配结果，其操作步骤如下：

（1）打开平面布局图编辑器窗口

选择菜单命令 MAX + plus Ⅱ/Floorplan Editor 或单击 快捷键，打开平面编辑器窗口，显示当前项目中所选定的器件。

（2）选择视图显示方式

平面图编辑器提供器件视图和逻辑阵列块（LAB）视图两种显示方式。器件视图显示器件封装的所有引脚及它们的功能。逻辑阵列块视图显示器件中所有的逻辑阵列块及每个逻辑阵列块的单个逻辑单元的内部结构。对于某些器件封装，逻辑阵列块还显示引脚的位置。可通过选择菜单命令 Layout/Device View 来选择器件视图；可通过选择菜单命令 Layout/LAB View 来选择逻辑阵列块视图，如图 B-30 所示。

（3）显示最后一次编译生成的布局图

1）选择菜单命令 Layout/Last Compilation 或单击工具钮，最后一次生成的只读（不可编辑）视图将显示在平面布局图编辑器窗口中，该视图存放在适配文件中。任何不合法的分配都将被高亮显示在未被分配的节点和引脚的列表中。

2）单击工具栏中 或 按钮，选中某个或多个节点，观察节点间的互联关系。

3）关闭平面布局图编辑器窗口。

（4）编辑适配结果

在平面布局图编辑器上编辑适配结果的步骤如下：

1）打开平面布局图编辑器。

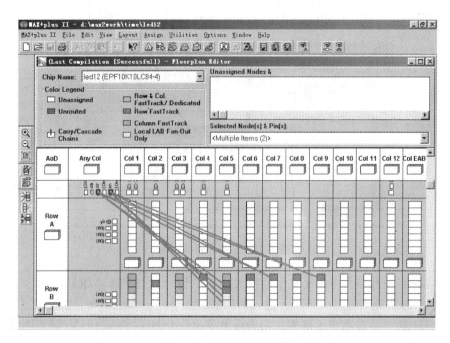

图 B-30　逻辑阵列块视图

2）选择菜单命令 Layout/Current Assignments 或单击工具钮 ，即可在平面布局图中编辑修改当前的配置。平面布局图被存放在 .acf 配置文件中。

B.4　设计校验

设计输入和编译是整个设计过程的一部分，成功的编译只能保证为设计项目创建一个编程文件，而不能保证该项目能按照预期结果运行。MAX + plus Ⅱ 为设计者提供了省时、省力的项目验证方法：仿真和定时分析。

1. 仿真

仿真包括功能仿真和时序仿真。通过功能仿真可以验证一个设计项目的逻辑功能是否正确。而时序仿真不仅可以测试设计项目的逻辑功能，还可以测试目标器件最差情况下的时间关系。

MAX + plus Ⅱ 仿真功能允许设计者在把设计项目编程到器件前对其进行全面测试，以确保它在各种可能的条件下都有正确的响应。但是，在仿真过程中，设计者需要给 MAX + plus Ⅱ 仿真器提供输入向量，以便仿真器产生对应于这些输入信号的输出信号。在时序仿真过程中，仿真结果与实际的可编程器件在同一条件下的时序关系完全相同。

下面以 led12 为例，介绍如何使用 MAX + plus Ⅱ 软件创建模拟文件并进行仿真。

（1）创建仿真通道

1）创建输入、输出向量

① 选择菜单命令 File/Open，打开设计文件，例如 d：\max2work \ time \ led12. gdf 。

② 打开波形编辑窗口。选择菜单命令 File/New，即可出现 New 对话框，在对话框中选择 Waveform Editor File，从下拉列表框中选择. scf 扩展名，然后单击 "OK" 按钮，出现一

个无标题的波形编辑器（Untitled—Waveform Editor）窗口，如图 B-31 所示。

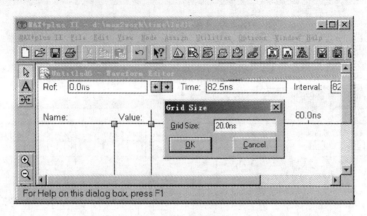

图 B-31　波形编辑器窗口

③ 设置时间轴网格大小。通常用网格大小表示信号状态的基本维持时间，其设置方法为：选择菜单命令 Option/Grid Size，键入时间轴网格大小，如：20ns，然后单击"OK"按钮，如图 B-31 所示。若需显示网格，则选择菜单命令 Option/Show Grid，竖直网线就会以设定的间隔（如：20ns）显示在波形编辑器窗口中。

④ 设定时间轴长度。选择菜单命令 File/End Time，键入时间值（如：3.0μs），单击"OK"按钮即设置了结束时间。该时间值决定了在仿真过程中，仿真器何时终止施加输入信号。

⑤ 选择菜单命令 Node/Enter Nodes SNF，即可出现 Enter Nodes from SNF 对话框。如图 B-32所示。

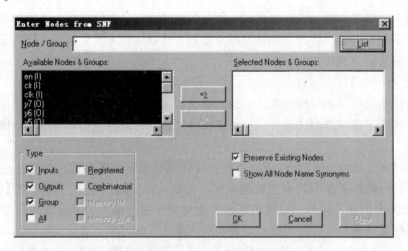

图 B-32　输入节点对话框

⑥ 在出现的对话框中，仅选中 Type 框中的 Inputs、Outputs、Group 选项。然后单击"List"按钮，可列出所有的 Inputs、Outputs 和 Group 点。单击 Available Nodes & Groups 栏中的所需项，选择向右箭头，把选中的节点和组送到 Selected Nodes & Groups 栏。

⑦ 单击"OK"按钮，即可出现用所选的节点和组刷新的波形编辑器。此窗口中所有未

编辑的输入节点的波形都默认为逻辑低电平，而所有输出和隐含节点波形都默认为不定状态，即 X 逻辑电平，如图 B-33 所示。

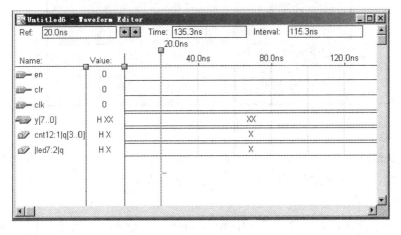

图 B-33　默认节点波形

2）编辑节点或组

① 添加节点或组。选择菜单命令 Node/Insert Node，出现 Insert Node 对话框。打开 Type 栏中的 Group 选项。单击 "List" 按钮，列出所有的组；选择输出组 Q［3．0］从 Dcfault Value 下拉列表框中选择 X；单击 "OK" 按钮，新增加的组就会出现在波形编辑器的空白位置处。

② 删除节点或组。单击 q［3．0］的图标，即选中该向量组；按 Delete 键，即可删除所选中的向量组。

③ 对节点或组重新排序。为了便于观察波形，可以按照任意顺序对节点和组进行排序。方法是：在波形编辑器的 Name 栏，按左键选中所需移动的图标；拖动鼠标将该图标移到所需位置，放开鼠标即可。

3）编辑输入信号波形：通过编辑输入信号波形为仿真器提供输入向量，具体做法是：

① 编辑输入信号波形。单击 Name 栏中的输入信号名，例如 "en"，即可选中 en 波形；然后选择菜单命令 Edit/Overwrite/High 或 ，则整个 en 波形变为高电平；在 en 波形的 t1 处按下左键，拖动鼠标到 t2 处松开鼠标，即可选中 t1 ~ t2 区间，然后选择菜单命令 Edit/Overwrite/Low 或工具钮 ，则该区间段的 en 波形变为低电平。用同样的方法编辑 clr 波形。

② 编辑时钟信号波形。单击 Name 栏中的时钟信号名，例如 "clk"，即可选中 clk 波形。然后选择菜单命令 Edit/Overwrite/Clock 或工具钮 ，出现 Overwrite Clock 对话框，如图 B-34 所示。选 StartingValue，0 表示时钟信号的起始状态为低电平，1 表示时钟信号的起始状态为高电平。接着在 Clock Period 框中键入时钟周期值；再选择 Multiplied By 为 n，它是当前已设定时钟周期的 n 倍，例如选 Multiplied By 为 1，表示 clk 时钟周期为 40ns × 1。

4）存盘关闭文件

① 选择菜单命令 File/Save As，在 File Name 对话框中输入 led12. scf，然后单击 "OK" 按钮存盘。

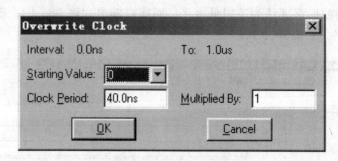

图 B-34　输入时钟

② 选择菜单命令 File/Close，关闭波形编辑器窗口。若不关闭波形编辑器窗口，则可在仿真器运行时看到输出波形的更新过程，但会降低仿真速度。

（2）仿真设计项目

1）打开仿真器窗口：选择菜单命令 MAX + plus Ⅱ/Simulator 或单击 快捷键，打开仿真器（Simulator）窗口。如图 B-35 所示。

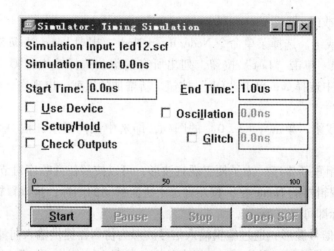

图 B-35　仿真器窗口

2）设置仿真时间

① 在 Start Time 对话框中输入仿真起始时间。该时间值应处于 .scf 文件的时间轴范围内，若超出此范围，则默认值为 0。

② 在 End Time 对话框中输入仿真终止时间。该时间值应处于 .scf 文件的时间轴范围内，并且应大于起始时间，否则会出错。

3）运行仿真器

① 单击"Start"按钮，即可开始项目的仿真。仿真进度在进度指示条中指示。

② 在仿真过程中，单击"Pause"按钮暂停仿真；单击"Stop"按钮终止仿真。

③ 仿真结束时，弹出 MAX + plus Ⅱ – Simulator 框，显示零错误零警告信息，按下此框中的"确定"按钮。

（3）分析仿真结果

在仿真器窗口中，单击"Open SCF"按钮，则可打开当前设计项目的 .scf 文件，如图 B-36 所示。移动参考线，查看参考线所在位置的逻辑状态，其值显示在 Value 域。在波形编辑器窗口中观察波形之间的关系，进行比较分析。观察波形图时，也许会发现输出波形与输入波形并未完全对应，这是由于延时产生的。

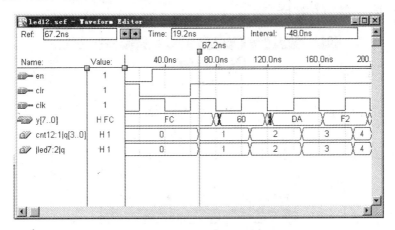

图 B-36　仿真结果文件

2. 定时分析

利用定时分析器可以分析所设计项目的性能。定时分析器提供了 3 种分析模式，如表 B-1 所示。

（1）启动定时分析工具

1）选择菜单命令 MAX + plus Ⅱ/Timing Analyzer 或单击 ，即可打开定时分析器 (Timing Analyzer) 窗口，并自动装入 led12 项目定时模拟器网表文件 led12. scf。此时默认的分析模式是延迟矩阵分析模式。

表 B-1　定时分析器的 3 种分析模式

分析模式	说　　明
延迟矩阵	分析多个源节点和目标节点之间的传输路径延迟
时序逻辑电路性能	分析时序逻辑电路的性能，包括性能上有限定值的延迟，最小的时钟周期和最高的工作频率等
建立/保持矩阵	计算从输入引脚到触发器及锁存器的信号输入所需的最小的建立和保持时间

2）选择菜单命令 Node/Timing Source，弹出 Timing Analyzer Source 对话框，根据需要标记分析源节点。

3）选择菜单命令 Node/Timing Destination，弹出 Timing Analyzer Destination 对话框，根据需要标记要分析的目标节点。在延迟矩阵模式下，定时分析器自动把所有输入引脚标记为源节点，把所有输出引脚标记为目标节点。用此方法标记的节点名字在分析运行之前是不可见的。

（2）传输延迟分析

1）单击 Timing Analyzer 窗口中的"Start"按钮，定时分析器立即开始分析设计项目，例如 led12，并对项目中每对相连节点之间的最大和最小传输延迟进行计算。分析结束时，出现 Timing Analyzer is Completed 信息框。

2）单击"确定"按钮，定时分析窗口即在延迟矩阵单元中显示出节点间的路径延迟。如图 B-37 所示。这些延迟数据由 MAX + plus Ⅱ 提供的器件模型文件（.dmf）所提供的最新器件性能数据所决定。若一个单元格中的数据不同，则表示项目的最短和最长路径不同，意味着电路包含着一个潜在的逻辑竞争。

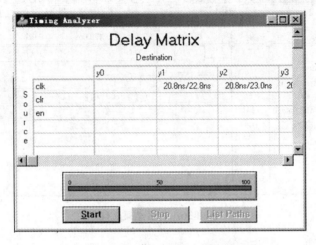

图 B-37 传输延迟分析

3）单击鼠标左键选中某单元格，如：clk 到 y1 对应的单元格。则 Timing Analyzer 窗口中的"List Paths"按钮被激活，单击此按钮，将打开消息处理（Messages – Timing Analyzer）窗口并列出该单元格对应节点之间的延迟路径。单击"确定"按钮。

4）确定延迟路径的位置

① 在消息处理窗口中，单击"Message"按钮两侧的小三角符号，可选中一条消息。

② 单击"Locate"按钮，即可定位消息路径的起源。此时，MAX + plus Ⅱ 软件自动打开图形编辑窗口文件，例如 led12.gdf，并加亮相应的输入引脚，如：clk 引脚。

③ 继续单击"Locate"按钮，则从图形编辑器窗口文件中跟踪从 clk 引脚到 y1 引脚之间的整个延迟路径。

④ 在消息处理窗口中，先选中 Locate in Floorplan Editor 选项，然后再单击"Locate"按钮，即可自动打开平面布局图编辑窗口，显示 clk 节点的连线。

⑤ 关闭消息处理器，返回定时分析器窗口，选择其他单元格进行分析。

（3）分析时序逻辑电路性能

1）选择菜单命令 Analysis/Registered Performance，出现时序逻辑定时分析窗口。

2）单击"Start"按钮，运行定时分析器窗口，结果如图 B-38 所示。Clock 框中显示被分析的时钟信号名；Clock 框下显示制约性能的节点名称；Clock 时钟图标下的框内第一行显示：在给定时钟下，时序逻辑电路要求的最小时钟周期；第二行显示给定的时钟信号的最高频率。

3）单击"List Paths"按钮，即可打开消息处理窗口。可在此窗口中观察、分析、定位该路径下的各个子路径在设计文件中的位置及延迟情况。

（4）建立和保持时间分析

选择菜单命令 Analysis/Setup/Hold Matrix，出现建立/保持矩阵模式分析窗口。然后单击

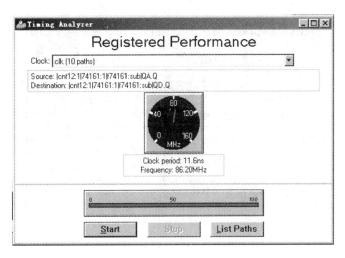

图 B-38　时序逻辑定时分析窗口

"Start" 按钮, 运行定时分析器, MAX + plus Ⅱ 会自动进行建立和保持时间分析。

B.5　器件编程

器件编程就是用 MAX + plus Ⅱ 编程器通过 Altera 编程硬件或其他工业标准编程器将经过仿真确认后的编程目标文件编入所选的可编程逻辑器件中。

1. 打开编程器窗口

首先安装好编程器硬件, 然后选择菜单命令 MAX + plus Ⅱ/Programmer 或单击 ![] 快捷键, 即可打开编程器 (Programmer) 窗口, 如图 B-39 所示。

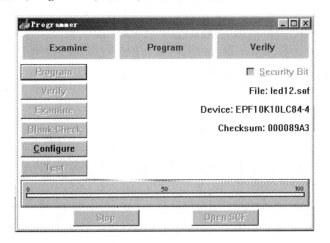

图 B-39　编程器窗口

2. 利用 Altera 编程器编程

1) 选择菜单命令 Option/Hardware Setup, 出现 Hardware Setup 窗口, 如图 B-40 所示。在 Hardware Type 对话框内选择适当的 Altera 编程器, 然后单击 "OK" 按钮。

2) 在编程器窗口中, 检查编程文件和器件是否正确。若编程文件不正确, 则可通过菜

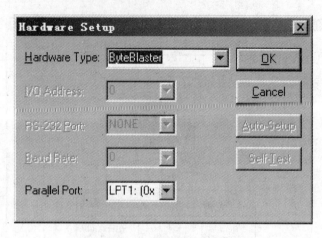

图 B-40　硬件设置窗口

单命令 File/Select Programming File 重新选择正确的编程文件。FLEX 系列器件的编程文件扩展名为 . sof。

3）单击"Configure"按钮即开始配置器件。若器件或电缆有问题，则产生错误警告信息。

4）若配置成功，单击"OK"按钮。

3. 使用 JTAG 实现在系统编程

1）将 ByteBlaster 电缆的一端与 PC 并口相连，另一端与可编程器件的目标板上的插座相连，并给目标板加电。

2）打开 MAX + plus Ⅱ 编程器，选择菜单命令 Options/Hardware Setup，即可出现 Hardware Setup 窗口。

3）在 Hardware Type 下拉菜单中选择 Byte Blaster。

4）在 Parallel Port 下拉菜单中选择配置时使用的并行口。然后单击"OK"按钮。

5）单击"Program"按钮进行编程。

附录 C　AHDL 语言简介

AHDL（Altera Hardware Description Language）语言是一种支持 Altera 公司器件的硬件描述语言，它是一种模块化的高级语言，集成于 MAX + plus II 系统中，适合描述复杂的组合逻辑、状态机和真值表。用户可以使用 AHDL 语言建立一个完整的层次结构，也可以在一个层次结构的设计中混合使用 AHDL 文本设计和其他类型的设计文件，但在存储、编译等环节其文件的扩展名一定是 TDF（*.tdf）。本章尽可能通过简洁明了的方式讲述 AHDL 语言的主要特点及其应用。

C.1　AHDL 设计的基本结构

本节我们用一个简单的例子讲述 AHDL 语言的机构特点，设计一个简单的两输入与非门，如图 C-1 所示。

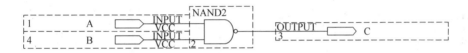

图 C-1　AHDL 语言设计的两输入与非门

用 AHDL 语言描述这个与非门，如下面的程序所示：

```
SUBDESIGN           tand2
(     A,  B：INPUT;
      C：OUTPUT;
)

BEGIN
C = A  !  &  B;
END;
```

程序基本结构如下：

```
SUBDESIGN           文件名           --子设计段
(
     定义输入/输出引脚及其类型
)
VARIABLE                            --变量段
     定义触发器、节点、状态机
BEGIN                              --逻辑段
     对电路的逻辑关系进行语言描述
END;           结束电路描述
```

结合上面的例子介绍 AHDL 语言的规则及结构特点：

1）在 AHDL 语言中字符不区分大小写，即大小写的含义相同。如 SUBDESIGN、BE-

GIN、END 等完全可以写成 subdesign、begin、end。其他标志符、信号、变量、输入、输出等都遵循同样的规则。

2）同一类型多个输入、输出或变量之间可以用逗号（","）分隔，每一个完整的语句都以分号（";"）结束，如 "A, B, C: INPUT;"。以 "--" 可以注释一行，"%....%" 可以注释一段内容。

3）AHDL 语言描述的内容可以等效为一个数字电路，因此在具体的逻辑描述中不同于一般的计算机程序按照顺序一条一条执行，而是所有的语句都是并发执行的，即 AHDL 语言中的语句不依赖描述的前后顺序。如下面的两个程序（程序1、程序2）可以完全相互替代。

程序1

```
SUBDESIGN concurent1
(a,b,c:INPUT;
m,n:OUTPUT;
)
BEGIN
  m = a&b;
  n = ! (m#c);
END;
```

程序2

```
SUBDESIGN concurent2
(a, b, c: INPUT;
m, n: OUTPUT;
)
BEGIN
n = ! (m#c);
m = a&b;
END;
```

4）AHDL 设计文件通常是由 3 个段和一些语句组成。下面按照在 tdf 文件中出现的先后顺序列出各个段和语句。

TITLE(可选)：标题语句。给出编译器产生报告文件（. rpt）的注释。

CONSTANT 可选)：常量定义语句。定义符号常量。

FUNCTION...RETURN(可选)：函数原形声明语句。

INCLUDE(可选)：包含语句。指定一个包含文件（*. inc).

OPTION(可选)：设置语句。设定文件中使用的数组的高低位顺序。如：OPTIONS BIT0 = MSB；则指定数组 a[6..0] 的 a0 为最高位，a6 为最低位。

SUBDESIGN SECTION：子设计段。

VARIABLE SECTION（可选）：变量段。

LOGIC　SECTION：逻辑段。

5）其中，有两个段是每个 AHDL 文件所必须包含的，它们是子设计段和逻辑段。

① 子设计段（SUBDESIGN SECTION）用于定义电路输入端口、输出端口和双向端口。端口类型通常有以下几种：

INPUT(输入)；

OUTPUT(输出)；

BIDIR(双向口)；

MACHINE INPUT(状态机输入)；

MACHINE OUTPUT(状态机输出)。

② 逻辑段（LOGIC SECTION）是在关键字 BEGIN 与 END 之间的部分，用来描述逻辑电路具体功能，常用的语句有以下几种：

a. 布尔等式；

b. CASE 语句；

c. IF 语句；

d. DEFAULTS 语句；

e. TABLE 语句；

f. FOR…GENERATE 语句；

g. IF…GENERATE 语句。

③ 变量段（VARIABLE　SECTION）在子设计段和逻辑段之间，是变量定义段，在该段中可以定义中间变量如节点、触发器、状态机等。该段是可选段。

6）关键字 SUBDESIGN 之后的 tand2 是子设计段的名称，也是 AHDL 语言文本文件的文件名，在 MAX + plus Ⅱ系统中的使用，要求其扩展名为 TDF（*. TDF）。文件名须与 SUB-DESIGN 之后的子设计段的名称相同，如上面例子，在存储时文件名应为 tand2. TDF，其他操作与图形编辑的各种操作相同。

C. 2　节点和数组

1. 节点和数组的记法

（1）节点：节点就是电路的连接点，是在 AHDL 语言中使用最广泛的一种类型。输入/输出端口、V_{CC}、GND 等内部没有记忆功能的变量都可以看成节点。

（2）数组：数组是节点或触发器等类型的组合。按照结构特点可分为十进制数组和序列数组两种。

1）十进制数组。其名称为一个符号（或端口名）跟一个方括号（定义数组的长度）组成，例如 a[3..0]，在这类数组名后跟一个域，符号名或端口名加上 [ ] 引导的域，域中最长的数字的总长度不能超过 32 个字符。在一个组被定义之后，"标志符 + [ ]"可用来表示该组的所有成员，还可以把一个整数放在方括号中，例如 a[5]，这种记法只表示数组中的一个成员，而不是整个数组。由于在 [ ] 中的数字都是十进制的记法，如 a[15..11] 中 15 和 11 为十进制的 15 和 11，数组的长度为 15 – 11 + 1 = 5，因此称为十进制数组。

2）序列数组。其名称由一组符号名、端口名或数组组成，它们之间以逗号分隔，并被括在圆括号中如 (a,b,c)；十进制数组名也可以放在这个括号中，例如(a,b,c[5..1])。序列数组的记法对于指定端口名称非常有用，例如，一个三态门的输入端口写作 tri(in,oe)。

节点可以看成是单个信号，数组则是多个节点的集合，可以当做一个整体来操作。数组

VAR[N..0] 中 VAR 是数组名，N 为数组的维数。例如：a[3..0] 为一组信号，可以写成 (a3,a2,a1,a0)，表示数组中共有 4 个变量 a3，a2，a1，a0，这 4 个变量可单独使用，也可以作数组整体使用。一个数组被定义以后，在后续的使用中可用空的 [ ] 来表示该组的所有成员，如 a [ ] 则表示 a[3..0]，但是如果想改变顺序使用，如使用 a[3..0] 的倒序 a[0..3]，则不可写成 a [ ]。

① 如果要表示一个数组中的部分单元，只需写出起止单元序列号如 a[2..1]。

② 如果一个数组等于 V_{CC} 或 GND，数组中的每一个成员都将被置成 V_{CC} 或 GND。例如：b[3..0] = V_{CC}，则表示 b3,b2,b1,b0 都为 V_{CC}。

③ 如果一个数组等于一个常数，则将常数扩展成与数组同等长度的二进制数后再赋值。例如：a[3..0] = 1，赋值时数值 1 将被扩展为 B"001"，只有 a0 被置成 V_{CC}，a3,a2,a1 被置成 GND。

④ 如果一个数组被连接到一个单节点，则该数组所有的节点都与单节点 b 相连。例如：a[3..0] = b，其中 b 是定义的节点，则 a3 = a2 = a1 = a0 = b。

⑤ 一个数组最多包括 256 个变量。例如：a [255..0]，如果超出 256 个变量，可以改为多个数组表达。

2. AHDL 中的数字

在 AHDL 中可以单独或以组合方式使用十进制、二进制、八进制和十六进制，其中十进制是 AHDL 语言中的默认方式。数制的记法如表 C-1 所示。

表 C-1　数制的记法

数　制	数值的表示方法
十进制	<数字 0~9 的排列>默认值
二进制	B"<0, 1, X 的排列>"（X 表示无关项）
八进制	O"<数字 0~7 的排列>"　　Q"<数字 0~7 的排列>"
十六进制	X"0~9，A~F 的排列" 或 H"0~9，A~F 的排列"

AHDL 中有效数值：B"01X01"、Q"4673"、H"123AECF"，数值不能被赋给布尔等式中的单个节点，单个节点的赋值必须用 V_{CC} 或 GND。

C.3　布尔等式

布尔等式在逻辑段中用来代表节点之间的连接以及输入及输出的逻辑关系。

在布尔等式右边可以是数组、数据、节点之间逻辑运算或算术运算。用 AHDL 语言描述如图 C-2 的组合逻辑电路，可用下面程序表示：

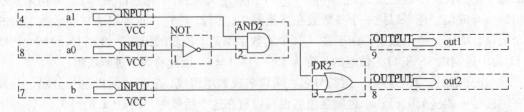

图 C-2　利用 AHDL 语言将要描述的组合逻辑电路

```
SUBDESIGN  boole1          --SUBDESIGN 段，boole1 标志程序名。
(
      a0, a1, b : INPUT;    --在(   )内定义输入、输出的引脚
   out1, out2 : OUTPUT;
)
   BEGIN                    --描述开始
   out1 = a1 & ! a0;        --out1 为输入信号 a0 取反后与 a1 相与的结果
   out2 = out1 # b;         --out2 为 out1 与输入信号 b 相或后的结果
END;                        --用 END 表示程序结束
```

布尔等式的左侧可以是输出端口名、节点名等，右侧由一个布尔表达式组成。布尔表达式由操作数以及它们之间的运算符组成。运算符包括逻辑运算符、算术运算符、关系运算符。

1. 逻辑运算符

逻辑运算符如表 C-2 所示。

表 C-2 逻辑运算符

运 算 符	实 例	说 明
! 或　NOT	A = ! A	A 取反
& 或　AND	A & B	相与
!& 或　NAND	A !& B	与非
# 或　OR	A # B	相或
!# 或　NOR	A !# B	或非
$ 或　XOR	A $ B	异或
!$ 或　XNOR	A! $ B	异或非

逻辑运算符基本规则是按位操作如：! a[5..1] 被解释为 (! a4,! a3,! a2,! a1)；! B"1001"的结果是对每一位求反后为 B"0110"；a[3..1]&a[5..2] 被解释为 (a3&a4, a2&a3, a1&a2)。如果两个操作数的长度不同，扩展规则如下：

单个节点(包括 V_{CC} 与 GND)与数组进行逻辑运算，则该节点与数组逐位进行运算。如 a & b[3..0]会被解释为(a&b3,a&b2,a&b1,a&b0)，其中 a 为节点；(a,b,c)&V_{CC} = (a,b,c)&(1,1,1) = (a,b,c)。

一个数组与一个常数进行逻辑运算，则将常数扩展成与数组同等长度的二进制数后再与数组逐位运算。例如：(a,b,c)&1，将数值 1 转成二进制数，然后逐位作与运算，即(a,b,c)&1 = (a,b,c)&(0,0,1) = (a&0,b&0,c&1) = (0,0,c)。

2. 算术运算符

算术运算符如表 C-3 所示。

表 C-3 算术运算符

运 算 符	实 例	说 明
+ （一元）	+3	正号
- （一元）	- a[5..0]	负号

（续）

运 算 符	实 例	说 明
+	a [3..0] + b [3..0]	变量相加
–	a [3..0] – b [3..0]	变量相减
=	a [3..0] = b [3..0]	将 b [] 的值赋给 a []

（1）一元运算符的使用

一元加号（+）运算符对操作数没有影响，只是明确表示一个正数。

一元减号（–）运算符对后面的操作数进行求补运算。

例如：a [7..0] = -H "12" 首先将-H "12" 变换成-B "00010010"，取反加一求补数为 B "11101110"，然后赋给 a [7..0]。

（2）二元运算符的使用

二元运算符算术运算规则有如下要求：

1）如果两个操作数都是一组节点，则两组的长度必须相同。

2）如果操作数都是数值，短的数值将扩展至位数最长的操作数长度。

3）如果一个操作数是数值而另一个是节点数组，那么这个数值将被截至或扩展至节点数组的长度。赋值语句的两侧节点数组长度不同，遵循如下规则进行扩展：

① 数组前面加 0 可以多位补 0 扩展，例如：(c, sum [7..0]) = (0, a [7..0]) + (0, b [3..0])，赋值语句的左侧为 9 位，右侧 a [7..0] 是 8 位，因此 (0, a [7..0]) 实现一个 0 的扩展，而 (0, b [3..0]) 实际扩展成 (0, 0, 0, 0, b [3..0])，形成补 4 个 0 的扩展。

② 数组的后面加一个 0 仅实现一位补 0 扩展，如：(c, sum [7..0]) = (0, a [7..0]) + (0, b [3..0], 0) 实现 a4 与 b3、a3 与 b2、a2 与 b1、a1 与 b0、a0 与 0 对应位相加。如果要实现多个 0 扩展，则相应的 0 须一一补齐。如 (c, sum [7..0]) = (0, a [7..0]) + (0, b [3..0], 0, 0, 0)，第二个操作数在右边实现 3 个 0 的扩展。

3. 关系运算符

关系运算符如表 C-4 所示。

表 C-4　关系运算符

关系运算符	实 例	说 明
= =	A[3..0] = b[3..0]	等于
! =	A1 ! = B1	不等于
<	A[3..0] < b[3..0]	小于
< =	A[3..0] < = b[3..0]	小于等于
>	A[3..0] > b[3..0]	大于
> =	A[3..0] > = b[3..0]	大于等于

关系运算符可以被用于对单独节点、数组进行比较。双等号（= =）为布尔表达式中的使用最多的比较符。表示符号两边的变量是否相等，而（=）表示将比较后的结果赋给等号左边的变量。比较符只能用来对节点数组与节点数组之间或节点数组与数值进行比较，

如果比较符是在节点数组之间进行，节点数组的长度必须相同。比较符的返回结果为"1"或"0"，成立则为"1"，否则为"0"。

4. 运算符的优先级

在表达式中，运算是按照运算的优先级进行的，"－"和"！"的优先级最高，"#"和"！#"优先级最低。如果在一个表达式中运算符较多时，为了防止出错最好采用"（　）"分隔的方式。优先级的顺序可以参照表 C-5。

表 C-5　运算符的优先级

优　先　级	运算符/比较符
1	－（负号）、！（非）
2	＋加 －减
3	＝＝、！＝、＜、＜＝、＞、＞＝
4	&、！&
5	$、！$
6	#、！#

下面用几个例子说明几种运算符的用法

例1：图 C-3 为全加器的逻辑电路图。

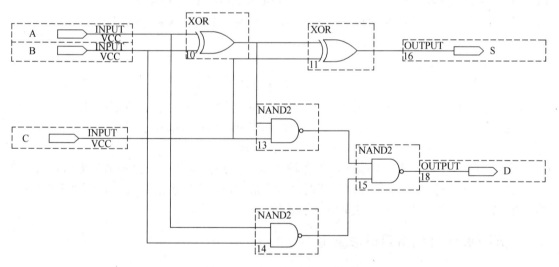

图 C-3　全加器的逻辑电路图

用 AHDL 语言进行描述全加器的程序如下：

```
SUBDESIGN  ADDC
 (A,B,C    :INPUT;
    S,D    :OUTPUT;
 )
BEGIN
 S =B XOR A XOR C;
```

　　D =(A AND B)OR(C AND(A XOR B));
END;

　　首先在(　)中定义 A，B，C 三个输入，A、B 分别为加数和被加数，C 为低位的进位位，输出信号 S，D，S 为和，D 为向高位进位；其次在 BEGIN 后描述输入和输出的逻辑关系，以 END 结束程序。

　　例2：16 位的地址译码器。

```
SUBDESIGN   decode1                 --用 SUBDESIGN 标志程序名
(
        address[15..0]  : INPUT;     --定义数组 address[15..0]为 16 个输入脚
chip_enable     : OUTPUT;           --定义 chip_enable 为输出脚
)
BEGIN
chip_enable = ( address[15..0]  = =  H"0370" );
END;                                --标志程序结束
```

　　当输入信号 address[15..0] 为 H "0370"（等于二进制 "0000001101110000"）时，等式成立将 "1" 赋给 chip_enable，等式不成立将 "0" 赋给 chip_enable。

　　例3：4 位等值比较器的 AHDL 语言的描述。

```
SUBDESIGN eqcomp4                   --用 SUBDESIGN 标志程序名
( a [3..0], b [3..0]：INPUT;        --在(　)内定义输入、输出的引脚
  equals                 :  OUTPUT;
)
        BEGIN                       --描述开始
equals = （a [ ] = =b [ ]）;        --若输入信号数组 a [ ] 与数组 b [ ]
                                    --相等时，输出信号 equals 为高电平，否则为低电平
END;                                --标志程序结束。
```

　　首先在(　)中定义两个 4 位的数组为输出信号，并且定义一个比较结果输出信号，当输入信号 a [3..0] 与 b [3..0] 相等时，等式成立将 "1" 赋给 equals 其输出为高电平，等式不成立将 "0" 赋给 equals 其输出为低电平。

C.4　AHDL 设计的常用语法结构

1. 条件逻辑语句（IF，ELSE，ELSIF）

　　IF 语句中可以有一个或多个布尔表达式，如果其中某个表达式结果为真，那么该表达式后面的行为语句将被执行。

　　基本语法结构如下：

```
IF   条件1   THEN
        执行操作1;
ELSE   执行操作2;
    END  IF;
```

　　在条件 1 成立下，执行操作 1；否则执行操作 2。

```
IF    条件1    THEN
          执行操作1;
ELSIF    条件2    THEN
          执行操作2;
ELSE      执行操作3;
END   IF;
```

在条件1成立下,执行操作1,否则判断条件2,若条件成立,执行操作2,否则执行操作3。

例4:用 AHDL 语言描述一个通过 S 端控制的加法器和减法器

```
SUBDESIGN  gadsb8                --用 SUBDESIGN 标志程序名
    (a[7..0],b[7..0],S    :INPUT;  --在(  )内定义输入、输出的引脚
     d[7..0]              :OUTPUT;
    )

BEGIN                            --描述开始
IF   S   THEN                    --如果输入信号 S 为高电平则将 a[] 与 b[] 相加
  d[] = a[] + b[];               --并将结果赋给 d[]
    ELSE   d[] = a[] - b[];      --若 S 为低电平则执行 a[] 与 b[] 相减
    END   IF;                    --IF 语句判断结束
END;
```

首先在( )定义了两个8位的数组 a [7..0],b [7..0] 和一位控制信号 S 作为输入信号,并且定义了一个8位的数组 d [7..0] 为结果输出信号。在 BEGIN 后进行逻辑描述,首先判断控制信号 S 的状态,当 S 为高电平时,数组 a [ ] 与 b [ ] 相加后将结果输出给 d [ ],若 S 为低电平时,数组 a [ ] 与 b [ ] 相减后将结果输出给 d [ ]。

例5:8 位比较器 AHDL 语言描述。

```
SUBDESIGN    comp8
(
  a [7..0], b [7..0]: INPUT;
  aequb, agreatb, alessb: OUPUT;
)
BEGIN
  IF   a [ ] = = b [ ]    THEN
    aequb = V_{CC};
  ELSIF   a [ ]> b [ ]    THEN
    agreatb = V_{CC};
  ELSE
    alessb = V_{CC};
  END   IF;
END;
```

首先定义两个输入数组 a [7..0],b [7..0],和3个比较结果输出,在 BEGIN 后进行

电路描述，若 a [ ] 等于 b [ ]，则 aequb 输出高电平，否则再判断 a [ ] 是否大于 b [ ]，若大于，则 agreatb 输出高电平，若不成立，则 a [ ] 必定小于 b [ ]，alessb 输出高电平。将程序输入存盘编译，进行波形仿真，仿真波形如图 C-4 所示。

当判断条件多于一个时，通过使用 ELSIF 可以实现多分枝的目的。

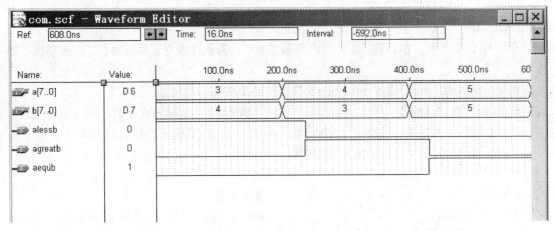

图 C-4　8 位比较器仿真波形图

例 6：优先编码器的设计

优先编码器的功能表如表 C-6 所示。

表 C-6　优先编码器的功能表

High	Middle	Low	highest
1	X	X	11
0	1	X	10
0	0	1	01
0	0	0	00

用 IF-ELSIF-ELSE 来进行描述如下：

```
SUBDESIGN priority              用 SUBDESIGN 标志程序名
(
    low, middle, high    : INPUT;      --在( )内定义输入、输出的引脚
    highest [1..0]    : OUTPUT;
)
BEGIN                           --描述开始
    IF   high   THEN            --如果输入信号 high 为高电平则
        Highest [ ]  =3;        --highest [ ] 输出为 3
    ELSIF   middle THEN         --若 high 为低电平则判断 middle
        Highest [ ]  =2;        --如果为高电平则 highest [ ] 输出为 2
    ELSIF   low THEN            --若 high 和 middle 都为低电平则判断 low
        Highest [ ]  =1;        --如果为高电平则 highest [ ] 输出为 1
```

```
    ELSE                                    --若 high,middle,low 都为低电平则
        Highest [ ]  = 0;                   --highest_level [ ] 输出为 0
    END IF;                                 --判断结束
END;
```

上面的程序为一个简单的优先编码器，定义 3 个输入信号为 low、middle、high，首先判断 high 是否为高电平，若为高电平，则 highest[ ]输出出为 3、若为低电平，则再判断 middle 是否为高电平，若为高电平，则 highest[ ]输出为 2，若为低电平，则再判断 low 是否为高电平，若为高电平，则输出为 1，若为低电平则输出出为零。

将上面的程序予以编译，进行波形仿真，仿真波形图如图 C-5 所示。

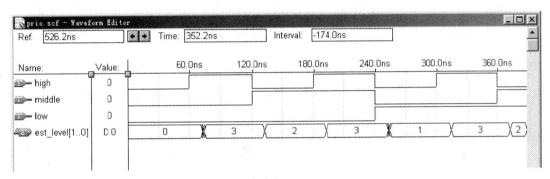

图 C-5　优先编码器的仿真波形图

仿真结果与上面程序中描述是相同的，同时也验证了 IF-ELSIF 语句的优先级别。

用 IF-ELSIF 语句要考虑判断的优先级，判断的条件由上到下优先级依次降低，如上例中：首先应判断 high 是否为高电平，接着判断 middle 是否为高电平，最后才判断 low 是否为高电平，不管输入信号如何，IF 语句的判断都按优先级进行判断执行。

2. CASE 逻辑语句

CASE 语句列出几种不同的操作，根据 CASE 后面的变量或表达式的值执行相应的操作。

CASE 语句的基本结构：

```
CASE      状态变量      IS
WHEN      状态 1 =>      执行操作 1;
WHEN      状态 2 =>      执行操作 2;
WHEN      状态 3 =>      执行操作 3;
……
WHEN      OTHERS =>     执行操作 n;
END       CASE;
```

CASE 语句中不同的状态由状态变量的值决定，状态的变化由变量控制，根据不同的变量值执行相应的操作。CASE 语句没有优先级的问题，只要条件成立则相应的操作马上被执行。

例 7：2-4 线译码器设计。

用 CASE 语句描述如下：

```
SUBDESIGN      decoder                     --用 SUBDESIGN 标志程序名
```

```
(
    code[1..0]: INPUT;              --在( )内定义输入、输出的引脚
    out[3..0]: OUTPUT;
)
BEGIN
    CASE  code[]  IS               --以输入信号 code[]为状态机
    WHEN 0 => out[] = B"0001";      --当输入 code[]为0时，相应 out[]输出为1
    WHEN 1 => out[] = B"0010";      --当输入 code[]为1时，相应 out[]输出为2
    WHEN 2 => out[] = B"0100";      --当输入 code[]为2时，相应 out[]输出为4
    WHEN 3 => out[] = B"1000";      --当输入 code[]为3时，相应 out[]输出为8
    END CASE;                       --描述结束
END;
```

CASE 语句以关键字（CASE 表达式 IS）开始，以 END CASE 结束。CASE 语句列出了几种可能执行的操作，到底执行哪种操作由 CASE 和 IS 之间的表达式的值决定；如果不能罗列所有的状态变量（状态变量可以是数组、单个节点或表达式）取值，或所列出的条件都不能满足时，可用关键字 WHEN OTHERS 来定义默认的执行语句。

```
CASE  A [2..0]  IS
WHEN   B "000"              => 行为语句1;
WHEN   B "001", "101"        => 行为语句2;
WHEN   OTHERS              => 行为语句3;
END   CASE;
```

A [2..0] 有8种可能的取值。当其值为 B "000" 时，执行行为语句1；当其值为 B "001" 或 "101" 时，执行行为语句2；其他取值时，执行 WHEN OTHERS 后的行为语句3。

3. IF THEN 和 CASE 比较

（1）相同点

IF...THEN 和 CASE 语句有相似之处，在通常的情况下，可以用任意一种结构达到相同的结果。

下面的例子表示用 IF THEN 和 CASE 语句可以达到相同的描述效果。

```
% IF THEN STATEMENT:%               % CASE STATEMENT:%
                                    CASE a[] IS
IF a[] = = 0 THEN                   WHEN 0 =>
    y = c & d;                          y = c & d;
ELSIF a[] = = 1 THEN                WHEN 1 =>
    y = e & f;                          y = e & f;
ELSIF a[] = = 2 THEN                WHEN 2 =>
    y = g & h;                          y = g & h;
ELSIF a[] = = 3 THEN                WHEN 3 =>
    y = i;                              y = i,
```

```
ELSE                          WHEN OTHERS =>
    y = GND;                      y = GND;
END IF;                       END CASE;
```

例 8：多运算模式设计

若以数组 S［2..0］3 个输入作为 8 种运算模式选择的多重条件，若用 IF THEN 语句进行描述可以采用 IF THEN ELSIF 语句进行多重判断，当 S［2..0］=0 时做加法运算，当 S［2..0］=1 时做减法运算，当 S［2..0］=2 时做自加一运算，当 S［2..0］=3 时做自减一运算，当 S［2..0］=4 时做逻辑非运算，当 S［2..0］=5 时做逻辑与运算，当 S［2..0］=6 时做逻辑或运算，当 S［2..0］=7 时做逻辑异或运算，程序描述如下：

```
SUBDESIGNtgalu8
    (  a[7..0],b[7..0],s[2..0]:INPUT;
       d[7..0]:OUTPUT;
    )
BEGIN
    IF       s[ ] = =0   THEN
             d[ ] = a[ ] + b[ ];
    ELSIF    s[ ] = =1   THEN
             d[ ] = a[ ] - b[ ];
    ELSIF    s[ ] = =2   THEN
             d[ ] = a[ ] + 1;
    ELSIF    s[ ] = =3   THEN
             d[ ] = a[ ] - 1;
    ELSIF    s[ ] = =4   THEN
             d[ ] = ! a[ ];
    ELSIF    s[ ] = =5   THEN
             d[ ] = a[ ] & b[ ];
    ELSIF    s[ ] = =6   THEN
             d[ ] = a[ ] $ b[ ]
    ELSE     d[ ] = a[ ];
    END IF;
END;
```

若将 IF，ELSIF，THEN 指令改成 CASE...WHEN 结构，以不同的状态执行不同的操作。其功能与用 IF，ELSIF，THEN 的结构描述相同。

```
SUBDESIGN cgalu8
    (  a[7..0], b[7..0]:    INPUT;
       d[7..0]:             OUTPUT;
    )
    BEGIN
        CASE          s[ ]     IS
```

```
        WHEN       0 =>
            d[ ] = a[ ] + b[ ];
    WHEN           1 =>
            d[ ] = a[ ] – b[ ];
        WHEN       2 =>
            d[ ] = a[ ] + 1;
        WHEN       3 =>
            d[ ] = a[ ] – 1;
        WHEN       4 =>
            d[ ] = ! a[ ]
        WHEN       5 =>
            d[ ] = a[ ] & b[ ];
        WHEN       6 =>
            d[ ] = a[ ] # b[ ];
        WHEN       7 =>
            d[ ] = a[ ] $ b[ ];
        WHEN       OTHERS =>
            d[ ] = a[ ];
End CASE;
END;
```

（2）不同点

1）IF…THEN 语句可以描述带优先级的算法，如优先编码器、优先译码器的描述等；而 CASE…WHEN 语句的各个状态的优先级相同，因此不能描述优先编码器、优先译码器等含有优先级的描述。

2）在两者都能实现的描述中，CASE…WHEN 语句层次清楚，使用简单。

4. 真值表 TABLE 的用法

AHDL 中的 TABLE 引导的真值表与数字电路中的功能是一致的，只是书写方式不同。在 AHDL 中真值表由表头和表体两部分组成。表头由关键字 TABLE、一组由逗号分开的真值表输入项、一个箭头符号（=>）以及一组由逗号分开的输出项组成。格式如下：

TABLE

　　输入项 => 输出项；

表体部分是具体逻辑关系的描述，其格式与表头相似，但应注意表体中的数据或状态与表头中输入项（或输出项）的一一对应关系。

例9：TABLE 指令编写共阴极数码管的七段译码器。

```
%      – a –                    %
% f|     |b                     %
%      – g –                    %
% e|     |c                     %
%      – d –                    %
```

```
%                              %
% 0 1 2 3 4 5 6 7 8 9 A b C d E F    %
%                              %
SUBDESIGN 7segment
(
    i[3..0]                  : INPUT;
    a, b, c, d, e, f, g       : OUTPUT;
)
    BEGIN
    TABLE
        i[3..0]          =>  a, b, c, d, e, f, g;
        H"0"          =>1, 1, 1, 1, 1, 1, 0;
        H"1"          =>0, 1, 1, 0, 0, 0, 0;
        H"2"          =>1, 1, 0, 1, 1, 0, 1;
        H"3"          =>1, 1, 1, 1, 0, 0, 1;
        H"4"          =>0, 1, 1, 0, 0, 1, 1;
        H"5"          =>1, 0, 1, 1, 0, 1, 1;
        H"6"          =>1, 0, 1, 1, 1, 1, 1;
        H"7"          =>1, 1, 1, 0, 0, 0, 0;
        H"8"          =>1, 1, 1, 1, 1, 1, 1;
        H"9"          =>1, 1, 1, 1, 0, 1, 1;
        H"A"          =>1, 1, 1, 0, 1, 1, 1;
        H"B"          =>0, 0, 1, 1, 1, 1, 1;
        H"C"          =>1, 0, 0, 1, 1, 1, 0;
        H"D"          =>0, 1, 1, 1, 1, 0, 1;
        H"E"          =>1, 0, 0, 1, 1, 1, 1;
        H"F"          =>1, 0, 0, 0, 1, 1, 1;
    END TABLE;
END;
```

真值表的表体由一行或多行组成，以每行一个分号结束。输入、输出值与表头的输入、输出端相对应。真值表以关键字 END　TABLE 结束。

并不是所有输入值的组合形式都有必要列出，如果有无关项则输入位上写 X（无关）。

注：真值表各行中被逗号分开的项数一定要与表头中被逗号分开的项目数量相同。

5. FOR...GENERATE、CONSTANT 及 DEFAULT 语句的用法

（1）FOR...GENERATE 语句

FOR 语句的语法规则如下：

FOR（符号名）IN 循环变量 TO 循环次数范围 GENERATE

　　　<操作语句>；

END GENERATE；

FOR 后的循环变量是一个临时变量而且是局部变量，不必事先定义。该变量不能在操作语句中赋值和修改。它由循环语句自动定义。使用时应当注意，在 FOR…GENERATE 语句范围内不能再有其他变量与此循环变量同名。

循环次数：每执行完一个循环后循环变量递增 1，直至达到循环次数范围最大值。循环次数范围一般是常数，或常数表达式，如下面 8 位全加器的描述：

```
SUBDESIGN xx
(a [7..0], b [7..0], ci: INPUT;
c [7..0], co [8..0]: OUTPUT;
)
BEGIN
co [0] = ci;
FOR i in 0 to 3#4 GENERATE
c [i] = a [i] $ b [i] $ co [i];
co [i+1] = (a [i] & b [i]) # ((a [i] $ b [i]) & co [i]);
END GENERATE;
END;
```

其中 3#4 是一个布尔表达式，其值为 7，因此输入、输出都应定义为 a [7..0]、b [7..0]、co [8..0]。

（2）CONSTANT 语句

利用 CONSTANT 语句可以定义一个字符常量，如：CONSTANT NUM_OF_ADDERS = 8；在其后的使用中，都可以用 NUM_OF_ADDERS 表示常量 8，提高了程序的可读性，程序的修改也比较方便。注意 CANSTANT 语句的描述应放在 SUBDESIGN 语句之前。

例 10：用 FOR…GENERATE 语句和 CANSTANT 语句配合实现任意长度的全加器。

```
CONSTANT NUM_OF_ADDERS = 8;          定义一个常量 NUM_OF_ADDERS
SUBDESIGN 4gentst
(
    a [NUM_OF_ADDERS..1], b [NUM_OF_ADDERS..1], cin: INPUT;
    c [NUM_OF_ADDERS..1], cout                 : OUTPUT;
)
VARIABLE
    carry_out [(NUM_OF_ADDERS+1)..1]: NODE;
BEGIN
    carry_out [1] = cin;
    FORI IN 1 TO NUM_OF_ADDERS GENERATE
        c [i] = a [i] $ b [i] $ carry_out [i];          % Full Adder %
        carry_out [i+1] = a [i] & b [i] # carry_out [i] & (a [i] $ b [i]);
    END GENERATE;
    cout = carry_out [NUM_OF_ADDERS+1];
END;
```

当 i 从 1 到 NUM_OF_ADDERS 依次增加，对应的 C［i］、a［i］、b［i］、carry_out［i］也依次从 C［1］、a［1］、b［1］、carry_out［1］变化并执行相应的操作，直到 i＝8；

（3）DEFAULT 语句

DEFAULT 语句在 AHDL 语言中可以指定输出或变量的初值，在 IF…THEN、CASE…WHEN、TABLE…语句中，若变量所表达的范围没有全部指定，则变量没有指定部分的值即为 DEFAULT 语句所指定的值。如果没有 DEFAULTS 语句，一般默认为"0"或 GND。DEFAULT 语句是具体行为语句，应放在逻辑段中，其格式如下：

```
    DEFAULTS
        具体行为语句；
    END DEFAULTS；
```

DEFAULT 语句的使用可以参照下面的程序：

```
SUBDESIGN default1
(
    i［3..0］              : INPUT；
    ascii_code［7..0］ : OUTPUT；
)
BEGIN
    DEFAULTS
        ascii_code［］ = B" 00111111"；% ASCⅡ question mark "?" %
    END DEFAULTS；
    TABLE
        i［3..0］ => ascii_code［］；
        B" 1000" => B" 01100001"；% " a" %
        B" 0100" => B" 01100010"；% " b" %
        B" 0010" => B" 01100011"；% " c" %
        B" 0001" => B" 01100100"；% " d" %
    END TABLE；
END；
```

DEFAULT 语句还可以解决对同一变量多次赋值的仲裁（决断），对变量的多次赋值实际是将多个信号通过"线与"（wired – AND）或"线或"（wired – OR）的方式与变量连在一起。如果在 default 语句中指定为 V_{CC}，实现"线与"功能，指定为 GND 实现线或的功能。具体的使用可以参照下面的程序：

```
SUBDESIGN default2
(   a, b, c                      : INPUT；
    select_a, select_b, select_c : INPUT；
    wire_or, wire_and : OUTPUT；
)
BEGIN
    DEFAULTS
```

```
    wire_or = GND;
    wire_and = Vcc;
  END DEFAULTS;
  IF select_a THEN
    wire_or = a;
    wire_and = a;
  END IF;
  IF select_b THEN
    wire_or = b;
    wire_and = b;
  END IF;
  IF select_c THEN
    wire_or = c;
    wire_and = c;
  END IF;
END;
```

6. FUNCTION、RETURN 及 INCLUDE 语句的用法

（1）FUNCTION 符号名（…）RETURN（…）的用法

在 MAX + plus Ⅱ 环境下采用 CREATE DEFAULT SYMBOL 创建一个符号，以便进行层次电路设计的方法。在 AHDL 语言中也可以采用同样的方法设计。设计的步骤如下：

1）将设计通过仿真验证的电路形成符号（在 MAX + plus Ⅱ 下通过 CREATE DEFAULT SYMBOL 形成符号，如果是用 AHDL 语言描述的程序可以不用形成符号）。

2）在 SUBDESIGN SECTION 之前，通过 FUNCTION 符号名（…）RETURN（…）方式引用。

3）在 VARIABLE SECTION 定义一个该符号的变量，则该变量即具有符号所有属性。

4）在 LOGIC SECTION 设置该变量的属性，并具体使用。

例 11：利用 4 位全加器形成的符号通过 FUNCTION 符号名（…）RETURN（…）语句，设计 8 位全加器。

4 位全加器的程序如下：

```
SUBDESIGN fulladd4
(a [3..0], b [3..0], ci: INPUT;
c [3..0], co : OUTPUT;
)
BEGIN
(co, c []) = (0, a []) + (0, b []) + (0, ci);
END;
```

该电路形成符号后，就可以利用 FUNCTION 符号名（…）RETURN（…）的方式在 8 位全加器的程序中使用了，8 位全加器的程序如下：

```
FUNCTIONfulladd4 (a [3..0], b [3..0], ci) RETURNS (c [3..0], co);
```

```
SUBDESIGN fulladd8
（a [7..0]，b [7..0]，ci: INPUT;
c [7..0]，co: OUTPUT;
）
VARIABLE
fadd4a，fadd4b: fulladd4;
BEGIN
fadd4a. a [] = a [3..0];
fadd4a. b [] = b [3..0];
fadd4a. ci = ci;
c [3..0] = fadd4a. c [3..0];
fadd4b. ci = fadd4a. co;
fadd4b. a [] = a [7..4];
fadd4b. b [] = b [7..4];
c [7..4] = fadd4b. c [];
co = fadd4b. co;
END;
```

（2）INCLUDE 用法

INCLUDE 语句的用法与 FUNCTION RETURN 语句的用法很相似，其 4 个步骤如下：

1）将设计通过仿真验证的电路形成 INCLUDE 文件（在 MAX + plus Ⅱ 下通过 CREAT DEFAULT INCLUDE FILE）。

2）在 SUBDESIGN SECTION 之前，通过 INCLUDE" fulladd5. inc"；方式引用。

3）在 VARIABLE SECTION 定义一个该符号的变量，则该变量即具有符号所有属性。

4）在 LOGIC SECTION 设置该变量的属性，并具体使用。

将上面的程序改为采用 INCLUDE 语句的引用方式，程序如下：

```
INCLUDE " fulladd5. inc";
SUBDESIGN fulladd8
 （a [7..0]，b [7..0]，ci: INPUT;
 c [7..0]，co:       OUTPUT;
 ）
VARIABLE
 fadd4a，fadd4b: fulladd4;
BEGIN
fadd4a. a [] = a [3..0];
fadd4a. b [] = b [3..0];
fadd4a. ci = ci;
c [3..0] = fadd4a. c [3..0];
fadd4b. ci = fadd4a. co;
fadd4b. a [] = a [7..4];
```

fadd4b. b [ ] = b [7..4];

c [7..4] = fadd4b. c [ ];

co = fadd4b. co;

END;

C.5　其他语句的用法

在 AHDL 语言中还有一些语句如 IF…GENERATE 语句、ASSERT 语句、REPORT 语句、TITLE 语句、SEVERITY 等。这些语句对具体电路的形成、电路的参数没有实质的影响，但用好这些语句对程序的调试、排错、器件的使用会有很大的帮助。

1. IF…GENERATE 语句：IF…GENERATE 的格式如下：

　　IF（表达式）GENERATE

　　　行为语句列表1；

　　ELSE GENERATE

　　行为语句列表2；

　　END GENERATE；

如果表达式成立（不为0），执行行为语句列表1；否则，执行行为语句列表2。如下面的语句所示：

　　IF DEVICE_FAMILY = = " FLEX8K" GENERATE

　　c [ ] = 8kadder (a [ ], b [ ], cin);

　　ELSE GENERATE

　　c [ ] = otheradder (a [ ], b [ ], cin);

　　END GENERATE；

IF…GENERATE 语句与 IF…THEN 相比较有如下特点：

（1）IF…GENERATE 语句可以用在 VARIABLE 段和 LOGIC 段，而 IF THEN 语句只能用在 LOGIC 段。

（2）IF THEN 语句的判断条件是布尔表达式，而 IF…GENERATE 语句的判断条件是算术表达式的超集，一般是预定义的参数或字符串组成的表达式。如下面的程序所示。

　　程序1：

　　PARAMETERS（m = 4）；

　　SUBDESIGN tif

　　 (a [3..0], b [3..0]: INPUT;

　　c [3..0]: OUTPUT;

　　)

　　BEGIN

　　IF m = = 4 + 3 GENERATE

　　c [ ] = a [ ] + b [ ];

　　ELSE GENERATE

　　c [ ] = a [ ] - b [ ];

　　END CENERATE；

```
END；
程序2：
PARAMETERS（DEVICE_FAMILY）；
SUBDESIGN condlog1
（    input_a ：INPUT；
output_b ：OUTPUT；
）
BEGIN
IF DEVICE_FAMILY ＝＝ " FLEX8K" GENERATE
output_b＝input_a；
ELSE GENERATE
output_b＝LCELL（input_a）；
END GENERATE；
END；
```

（3）IF…GENERATE 语句与 IF…THEN 语句的另一个重要的区别是：IF…THEN 判断条件是在硬件电路中实现的，而 IF…GENERATE 的判断条件是在编译系统进行编译时根据该条件决定编译哪一部分程序，以便形成不同的电路。

2. ASSERT、REPORT、SEVERITY 语句

ASSERT、REPORT、SEVERITY 这 3 条语句一般情况下是一起使用的，使用顺序为

```
ASSERT（表达式）
REPORT "Detected compilation for % family"
             DEVICE_FAMILY
SEVERITY error；
```

（1）ASSERT（断言）语句

ASSERT 语句根据括号的表达式决定后面的 REPORT 语句和 SEVERITY 语句是否激活。如果表达式成立，则跳过 REPORT 语句和 SEVERITY 语句，而执行后面的语句；表达式不成立将激活后面的 REPORT 语句和 SEVERITY 语句。如果 ASSERT 语句后面没有表达式，则 ASSERT 及其后的 REPORT 语句和 SEVERITY 语句总是处于激活状态。

（2）REPORT 语句

REPORT 语句一般由关键字 REPORT 所引导的双引号括起来的字符串和信息参数（information parameters）两个部分组成，以报告编译器在不同条件下的编译信息。字符串中用"％"可以替代信息参数的具体内容。具体使用可以参考下面的例子。

（3）SEVERITY 语句

SEVERITY 语句一般只跟 3 个参数：INFO、WARNING、ERROR。INFO 参数将 REPORT 语句后面的字符串作为一般信息处理，不影响编译的继续处理。WARNING 参数，在编译界面的 Message 框中将 REPORT 语句后面的字符串作为警告，也不影响编译的继续处理。ERROR 参数，在编译界面的 Message 框中将 REPORT 语句后面的字符串作为错误信息处理，终止编译，等候错误处理。具体使用可以参考下面的例子，两种不同条件的 Message 框如图 C-6 所示。

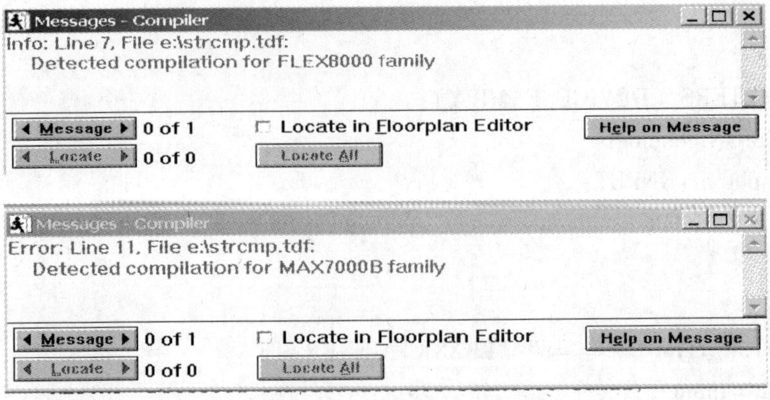

图 C-6　编译信息设置 Message 框示意图

PARAMETERS（DEVICE_FAMILY）;

CONSTANT FAMILY =" FLEX8000";

SUBDESIGN strcmp

（　a : INPUT;

　　b : OUTPUT;

）

BEGIN

IF（DEVICE_FAMILY = = FAMILY）GENERATE

　　ASSERT

　　　REPORT " Detected compilation for FLEX8000 family"

　　　SEVERITY INFO;

　　b = a;

　ELSE GENERATE

　　ASSERT

REPORT " Detected compilation for % family" DEVICE_FAMILY DEVICE_FAMILY 的具体内容出现在 "%" 的位置,

　　　　　--如 DEVICE_FAMILY = MAX7000B

　　　SEVERITY error;

　　b = a;

　END GENERATE;

END;

C.6　时序逻辑电路

时序电路中所用的存储单元主要有锁存器 LATCH 和触发器两种，其中触发器又有 D 触发器（DFF），含使能端的 D 触发器（DFFE），含使能端的 JK 触发器（JKFFE），RS 触发器（RSFF），含有使能端的 RS 触发器（RSFFE），T 触发器（TFF），含有使能端的 T 触发器（TFFE）等类型。

所有的边沿触发器均为上升沿触发，带使能控制端（ENA）的触发器，其 ENA 为高电平有效。

　　触发器和锁存器的各个信号名称如表 C-7 所示。

表 C-7　触发器和锁存器的各个信号名称

元件名称	存储单元元件控制信号名称	输出信号名称
LATCH	LATCH（D, ENA）	Q
DFF	DFF（D, CLK, CLRN, PRN）	Q
DFFE	DFFE（D, CLK, CLRN, PRN, ENA）	Q
JKFF	JKFF（J, K, CLK, CLRN, PRN）	Q
JKFFE	JKFFE（J, K, CLK, CLRN, PRN, ENA）	Q
SRFF	SRFF（S, R, CLK, CLRN, PRN）	Q
SRFFE	SRFFE（S, R, CLK, CLRN, PRN, ENA）	Q
TFF	TFF（T, CLK, CLRN, PRN）	Q
TFFE	TFFE（T, CLK, CLRN, PRN, ENA）	Q

　　CLK—触发器时钟 CLOCK（输入），上升沿有效；

　　CLRN—清零端 CLEAR（输入），低电平有效；

　　D, J, K, R, S, T—触发器信号输入端；

　　ENA—锁存或脉冲波输入使能端控制，高电平有效；

　　PRN—置"1"控制端，低电平有效；

　　Q—输出信号端。

　　介绍时序电路具体使用之前，在 AHDL 语言中还有一个 VARIABLE 段（VARIABLE SECTION）是时序电路中必不可少的部分，因为触发器、节点、锁存器等定义是在该段中进行的。VARIABLE SECTION 与 SUBDESIGN SECTION 结构很相似，都是由标志符、冒号（:）、变量类型组成；其中 SUBDESIGN SECTION 的类型为 INPUT、OUTPUT、BIDIR。而 VARIABLE SECTION 的变量类型为 NODE、DFF、DFFE、SRFF 等。

　　在 VARIABLE SECTION 中 NODE 类型与其他触发器类型还有区别，NODE 类型在电路中只相当于一个连接点，起到中间变量的作用。它没有存储功能，其值瞬间变化。而触发器具有数据存储功能，一般情况下需要与时钟配合才能工作。

　　下面通过例子介绍触发器的各个信号在 AHDL 描述中的设置与使用。

　　例 12：

```
SUBDESIGN use_dffe          用 SUBDESIGN 标志程序名
(
  clk, load, in : INPUT;      在(　)中定义输入/输出引脚
  out           : OUTPUT;
)
  VARIABLE                    定义变量
  ff : DFFE;                  定义 ff 为一个 DFFE 触发器
  BEGIN
  ff. clk = clk;              触发器的时钟输入端为 clk
  ff. ena = load;             触发器的使能端为 load
```

ff. d = in;　　　　　　　　　　　　　　输入信号 in 接到触发器的 D 输入端

out　　= ff. q;　　　　　　　　　　　　触发器的 Q 端接到输出端 out

　END;

　　触发器的定义以 VARIABLE 为标示，将一个变量命名为 ff 并以 "：" 标示定义为 DFFE 触发器，然后将 clk 输入端接到触发器的时钟端，load 输入端接到触发器的使能端，in 输入端接到触发器的 D 输入端，触发器的 Q 输出端接到输出端 out。

　　例 13：触发器的定义与设置。

　　SUBDESIGN bur_reg1　　　　　　　用 SUBDESIGN 标志程序名

(

　clk, load, in [7..0] : INPUT;　　　　在( )中定义输入/输出引脚

　out [7..0] : OUTPUT;

)

VARIABLE　　　　　　　　　　　定义变量

　ff [7..0] : DFFE;　　　　　　　　　定义 ff [ ] 为 8 位数组 DFFE 触发器

BEGIN

　ff [ ] . clk = clk;　　　　　　　　　触发器的时钟输入端为 clk

　ff [ ] . ena = load;　　　　　　　　触发器的使能端为 load

　ff [ ] . d = in [ ];　　　　　　　　输入信号 in [ ] 接到触发器的 D 输入端

　out [ ]　　= ff [ ] . q;　　　　　　触发器的 Q 端接到输出端 out

　END;

　　触发器的定义在 VARIABLE 段中进行，将一个 8 位数组变量命名为 ff [7..0] 并以 "：" 标示定义为 DFFE 触发器，表示 ff [7..0] 为 8 位的 DFFE 触发器数组分别为 ff0、ff1、ff2、ff3、ff4、ff5、ff6、ff7；ff [ ] . clk = clk 表示将输入端 clk 接到触发器 ff0—ff7 的时钟端（clk）上；ff [ ] . ena = load 表示输入端 load 接到所有触发器的使能端上；ff [ ] . d = in [ ] 表示将输入 in [ ]（in7、in6、in5、in4、in3、in2、in1、in0）端分别接到触发器的输入端 D（ff7. d、ff6. d、ff5. d、ff4. d、ff3. d、ff2. d、ff1. d、ff0. d）上；out [ ] = ff [ ] . q 表示将每个触发器的输出端 Q（ff7. q、ff6. q、ff5. q、ff4. q、ff3. q、ff2. q、ff1. q、ff0. q）分别接到输出端 out [ ]（out7、out6、out5、out4、out3、out2、out1、out0）上，可以看出使用数组表示比用单个节点分别表示简单。

C. 7　状态机的描述

1. 状态机的结构

　　状态机就是一组触发器的输出状态随着时钟和输入信号按照一定的规律变化的一种过程。状态机一般情况可分为摩尔机和梅利机两种，以适用不同的设计和化简方法。但状态机在 AHDL 可以直接用 IF…THEN 、CASE…WHEN、TABLE 等结构描述，具体的化简可以由 MAX + plus Ⅱ 软件实现，因此这两种状态机在 AHDL 语言中的设计没有多大区别，在后续的介绍中不在区分摩尔机和梅利机。状态机的定义在 VARIABLE 段由 MACHINE WITH STATES 引导，后面由括号组成的状态，如定义 ss 为状态机的状态变量，其格式如下：

　　ss：MACHINE WITH STATES (s0, s1, s2, s3);

ss 定义为状态机的状态变量后，ss 即具有时钟（CLK）、复位（RESET）和使能（ENA）信号输入端，CLK 是状态机的同步时钟，RESET 可以强迫状态机回到初始状态。具体的使用可以参照下面的例子进行。

例 14：设计一个逻辑电路，其输入信号为：时钟信号 CLK、复位信号 RESET、输入 Y；输出信号为 Z。输入信号与输出信号之间的逻辑关系如图 C-7 所示的状态机来描述。

它们的输出状态一共有 S0，S1，S2，S3 四种状态，其不同的输入信号决定不同的状态，不同的状态又决定不同的输出信号，对应的参考程序如下：

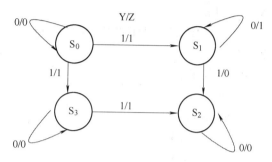

图 C-7　状态机表示输入输出的关系

```
SUBDESIGN mealy
(    clk    : INPUT;
     reset  : INPUT;
     y      : INPUT;
     z      : OUTPUT;
)
VARIABLE
     ss: MACHINE WITH STATES (s0, s1, s2, s3);
BEGIN
     ss. clk = clk;
     ss. reset = reset;
     TABLE
```

% current	current	current	next %
% state	input	output	state %
ss,	y	=> z,	ss;
s0,	0	=> 0,	s0;
s0,	1	=> 1,	s1;
s1,	0	=> 1,	s1;
s1,	1	=> 0,	s2;
s2,	0	=> 0,	s2;
s2,	1	=> 1,	s3;
s3,	0	=> 0,	s3;
s3,	1	=> 1,	s0;

--当 y = 0 时，S0→S0
--当 y = 1 时，S0→S1
--当 y = 0 时，S1→S1
--当 y = 1 时，S1→S2
--当 y = 0 时，S2→S2
--当 y = 1 时，S2→S3
--当 y = 0 时，S3→S3
--当 y = 1 时，S3→S0

```
     END TABLE;
END;
```

2. 状态机的状态变量指定

（1）非同步状态输出的状态机

电路的设计输出，仅由状态机决定，但状态机的状态并不作为电路的输出。设计者不用关心需要多少个触发器来定义状态机，只要在 VARIABLE 中定义状态机，在逻辑描述中只要描述状态机的转换关系即可。编译器能自动设定最小的触发器数量和合适的状态值，设计者不用为每个状态设定状态变量和状态值。

例 15：SUBDESIGN simple

```
(   clk，reset，d：INPUT；
    q：OUTPUT；
)
VARIABLE
    ss：MACHINE WITH STATES（s0，s1）；
BEGIN
    ss.clk = clk；
    ss.reset = reset；
    CASE ss IS
        WHEN s0  =>
            q = GND；
            IF d THEN
                ss = s1；
            END IF；
        WHEN s1  =>
            q = V_CC；
            IF ！ d THEN
                ss = s0；
            END IF；
    END CASE；
END；
```

将程序输入并且编译仿真，仿真波形图如图 C-8 所示。

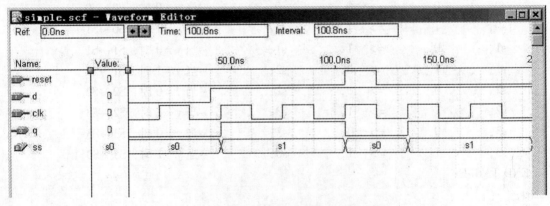

图 C-8　非同步状态输出的状态机仿真波形图

（2）带同步状态输出的状态机

如果一个状态机的状态作为电路的输出，应在状态机的 MACHINE OF BITS（　）的括号中指定与输出引脚对应的状态变量，并在 WITH STATES 后的（　）中具体指定状态的数值，以形成状态与输出的对应关系。

例 16：SUBDESIGN moore1

```
(    clk, reset, y    : INPUT;
        z, z1          : OUTPUT;
)
VARIABLE
    ss：MACHINE OF BITS（z, z1）
        WITH STATES（s0    =    0,
                     s1    =    1,
                     s2    =    2,
                     s3    =    3）;
BEGIN
    ss. clk   = clk;
    ss. reset = reset;
    TABLE
        ss,        y       =>    ss;
        s0,        0        =>    s0;
        s0,        1        =>    s2;
        s1,        0        =>    s0;
        s1,        1        =>    s2;
        s2,        0        =>    s2;
        s2,        1        =>    s3;
        s3,        0        =>    s3;
        s3,        1        =>    s1;
    END TABLE;
END;
```

仿真后的波形见图 C-9。

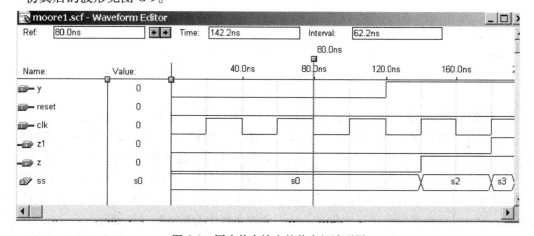

图 C-9　同步状态输出的状态机波形图

3. 单热点编码状态机

单热点编码状态机（one - hot encoding state machine）就是在每个状态的编码中，只有一个状态变量为 1，其余的都为 0。如状态变量为 q [3..0]，状态为 S0、S1、S2、S3，则编码 S0 = 0001，S1 = 0010，S2 = 0100，S3 = 1000。这种编码方式的优点是：有几个状态变量，就对应几个状态编码，没有冗余状态，不需要处理无效状态，因此设计和使用都相对简单。

```
SUBDESIGN stepper
(   clk, reset   : INPUT;
    ccw, cw      : INPUT;
    phase [3..0]    : OUTPUT;
)
VARIABLE
  ss: MACHINE OF BITS (phase [3..0])
      WITH STATES    (
          s0 = B"0001",
          s1 = B"0010",
          s2 = B"0100",
          s3 = B"1000");
BEGIN
    ss. clk   = clk;
    ss. reset = reset;
    TABLE
        ss,    ccw,    cw    =>    ss;
        s0,    1,      x     =>    s3;
        s0,    x,      1     =>    s1;
        s1,    1,      x     =>    s0;
        s1,    x,      1     =>    s2;
        s2,    1,      x     =>    s1;
        s2,    x,      1     =>    s3;
        s3,    1,      x     =>    s2;
        s3,    x,      1     =>    s0;
    END TABLE;
END;
```

4. 无效状态的处理

如果状态机设计成非"单热点"（one-hot）编码的状态机，而且状态变量所能表达的状态总数多于实际使用的状态数，状态机中就有无效的状态（这种状态也称为非法状态）。由于状态机的各个变量建立时间（setup time）或保持时间（hold time）的不一致，有可能进入无效状态。状态机在进入无效状态后，由于没有明确的指示下一个状态的值，因此结果很难预料。要从非法状态恢复到正常状态，必须在状态机中为所有的非法状态命名。如 3 个状态变量，共有 8 种状态，明确使用的有 5 种，还有 3 种没有使用，这 3 种即为无效状态，要想从 3 个无效状态返回，必须对这 3 个无效状态一一命名，并对其处理（在 CASE…WHEN 语句中可以用 WHEN OTHERS => 对无效状态统一处理，但无效状态的命名是不能省略的）。下面的例子中展示了对无效状态的处理办法。

例 17：SUBDESIGN recover

```
(   clk : INPUT;
    go  : INPUT;
    ok : OUTPUT;
)
VARIABLE
  sequence : MACHINE
          OF BITS（q [2..0]）WITH STATES（idle，one，two，three，four，illegal1，illegal2，illegal3）;
BEGIN
  sequence. clk = clk;
  CASE sequence IS
    WHEN idle  =>
      IF go THEN
        sequence = one;
      END IF;
    WHEN one  =>
      sequence = two;
    WHEN two  =>
      sequence = three;
    WHEN three  =>
      sequence = four;
    WHEN OTHERS  =>
      sequence = idle;
  END CASE;
  ok = （sequence = = four）;
END;
```

5. 状态机的导入与导出

在 SUBDESIGN 段，可以定义输入、输出为 MACHINE INPUT 或 MACHINE OUTPUT 类型。在顶层文件中通过 FUNCTION　RETURN 语句将底层的状态机导入或导出，但 MACHINE INPUT 或 MACHINE OUTPUT 类型的输入、输出必须在 FUNCTION　RETURN 中具体指定，如下面的例子所示：

底层文件 1：

```
SUBDESIGN ss_def
(   clk, reset, count : INPUT;
    ss_out : MACHINE OUTPUT;
```

```
)
VARIABLE
    ss: MACHINE WITH STATES (s1, s2, s3, s4, s5);
BEGIN
    ss_out = ss;
    CASE ss IS
        WHEN s1 =>
            IF count THEN ss = s2; ELSE ss = s1; END IF;
        WHEN s2 =>
            IF count THEN ss = s3; ELSE ss = s2; END IF;
        WHEN s3 =>
            IF count THEN ss = s4; ELSE ss = s3; END IF;
        WHEN s4 =>
            IF count THEN ss = s5; ELSE ss = s4; END IF;
        WHEN s5 =>
            IF count THEN ss = s1; ELSE ss = s5; END IF;
    END CASE;
    ss. (clk, reset) = (clk, reset);
END;
```

底层文件 2:

```
SUBDESIGN ss_use
(   ss_in : MACHINE INPUT;
    out   : OUTPUT;
)
BEGIN
    out = (ss_in = = s2) OR (ss_in = = s4);
END;
```

顶层文件:

```
FUNCTION ss_def (clk, reset, count)
        RETURNS (MACHINE ss_out);         --指定 ss_out 为 MACHINE 类型
FUNCTION ss_use (MACHINE ss_in)           --指定 ss_in 为 MACHINE 类型
                    RETURNS (out);
SUBDESIGN top1
( sys_clk, reset, hold : INPUT;
    sync_out                : OUTPUT;
)
VARIABLE
    ss_ref: MACHINE;              % Machine Alias Declaration %
BEGIN
```

ss_ref = ss_def（sys_clk, reset, hold）;

　　sync_out = ss_use（ss_ref）;

　　END;

　　在状态机的导入与导出的使用中，注意事项如下：

　　1）在 SUBDESIGN 段中有 MACHINE INPUT 和 MACHINE OUTPUT 类型的输入、输出时，该文件在层次设计中只能作为底层文件使用，但仍然可以使用"project save & check"工具进行语法和设计规则检查，并能创建 include file 文件。

　　2）可以在 VARIABLE 段创建别名以代替原文件名。如下面的程序所示：

FUNCTION ss_def（clk, reset, count）RETURNS（MACHINE ss_out）;

FUNCTION ss_use（MACHINE ss_in）RETURNS（out）;

SUBDESIGN top2

（　sys_clk, /reset, hold : INPUT;

　　sync_out : OUTPUT;

）

VARIABLE

　　sm_macro : ss_def;

　　sync　　 : ss_use;

BEGIN

　　sm_macro.（clk, reset, count）=（sys_clk, ! /reset, ! hold）;

　　sync. ss_in = sm_macro. ss_out;

　　sync_out = sync. out;

END

附录 D　DLEB-Ⅱ型数字逻辑电路实验箱

DLEB-Ⅱ型数字逻辑电路实验箱为学生完成"数字电路实验"和"数字电路与逻辑设计实验"而设计。结构简单，功能实用，造型美观，携带方便。

实验箱平面布置分 6 个区：电源区、信号源区、显示区、实验区、辅助区、导线放置区。如图 D-1 所示。

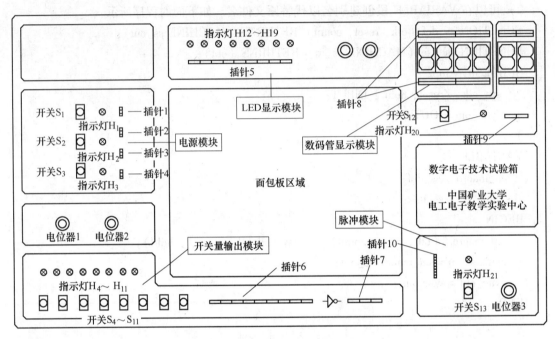

图 D-1　实验箱组成部分

1）交流电源：将仪器电源线插入 AC 220V 插孔，将 AC 220V 开关合上，电源指示灯（LED 发光二极管）亮，表示电源已接通。切断电源，先将 AC 220V 开关断开，再取下仪器电源线。

2）+5V 电源：将 +5V 电源开关合上，指示灯亮，此时，+5V 电源输出孔已有输出，实验时用导线将 +5V 与芯片电源端相接。

3）在 +5V 电源下面，有一列 GND 插孔，是直流电源的公共地端，实验时，用导线将 GND 端与芯片接地端相连。

4）±9V 电源：将 ±9V 电源开关合上，指示灯亮，此时，+9V 和 -9V 电源输出孔已有输出，可为集成芯片提供双电源供电。

信号源区：

1）数据开关：由 $S_1 \sim S_8$ 组成，开关合上，由输出孔可得到大于 3.4V 的逻辑高电平；开关断开，由输出孔可得到小于 0.3V 的逻辑低电平。当 LED 发光二极管亮，表示有高电平 Q 输出，否则相反。每个开关输出的高、低逻辑电平信号有 4 个输出插孔，便于多器件及多控制信号的应用。

2）连续脉冲源：由集成芯片 CD40106BE 组成的 CP 脉冲源可产生 1～100Hz 连续可调的方波信号。频率的快慢由旁边的电位器旋钮调节。同时还有一 LED 发光二极管用以观察 CP 脉冲信号频率的快慢，二极管闪烁快表示频率高，否则相反。脉冲源设有控制开关，开关合上，脉冲源有方波输出；开关断开，脉冲源关闭。

显示区：

1）数据灯：由 H_1～H_8 组成。当给数据灯输入插孔加上逻辑高电平时，LED 发光二极管亮，否则相反。LED 发光二极管由晶体管驱动，晶体管置于面板下方。实验时，TTL 门和 CMOS 门的输出都可驱动 LED 指示灯。

2）4 位共阴极数码管：用于计数、译码、显示电路。数码管为七段，每段均有限流电阻，置于面板下。

实验区：

实验区由通用面包板组成，GL-10 型多孔面包板结构如图 D-2 所示。每块面包板中央有一凹槽，凹槽两边各有 64 列小孔，每列 5 个小孔相互连通，集成电路芯片的引脚分插在凹槽两边的小孔上。中心面包板上下各有一两排 50 列小孔作为电源插孔。

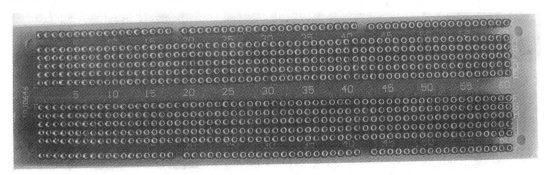

图 D-2　GL-10 型多孔面包板结构

附录 E　EDA 实验开发系统实验箱简介

E.1　系统基本特征

1）配备：本实验箱配有三家公司（altera 低电压 1k 系列（3 万门以上）、lattice 的 ispL-SI1032E – 70LJ84、xilinx 的 xc95108 系列）芯片下载板，适用范围广泛。

2）资源：芯片门数最多达到 10 万门（ACEX1K100），引脚可达 208 脚。

3）编辑方式有图形编辑、文本编辑、波形编辑、混合编辑等方式，硬件描述语言有 AHDL、VHDL、Verilog-HDL 等语言。

E.2　主板功能

1）配有模拟可编程器件 ispPAC 器件系列，用户可以在实验箱上通过模拟可编程器件进行模拟电子的开发训练。

2）16 个数据开关，4 个脉冲开关，数据开关和脉冲开关可配合使用，也可单独使用。

3）实验箱配有 10 个数码管，（包括 6 个并行扫描数码管和 4 个串行扫描数码管）。

4）A/D 转换：采用双 A/D 转换，有常规的 8 位 A/D 转换器 ADC0809，还可以适配位数较高，速度较快的 12 位 A/D 转换器 MAX196。

5）D/A 转换器：采用学生所熟知的芯片 DAC0832。

6）单片机扩展槽：由于实验箱上的所有资源（如数码管、数据开关、小键盘等）都可以借用，因此通过此扩展槽可以开发单片机及单片机接口实验。

7）通用小键盘：本实验箱提供 16 个微动开关（4×4），可用他们方便地进行人机交互。

8）外围扩展口：本实验箱还预留一个 40PIN 的扩展槽，用以与外围电路的连接。

E.3　实验开发系统框图

EDA 实验系统主要功能模块如图 E-1 所示。

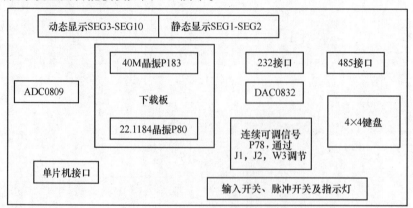

图 E-1　EDA 实验系统主要功能模块

E.4　详细的引脚说明

（1）时钟源

时钟源与 CPLD 对应引脚连接关系

P183 引脚	P78 引脚	P80 引脚
40MHz	1Hz~1MHz（由短路夹 J1 和 J2 来调节）	22.1184MHz

（2）输入开关

16 个数据开关（SW1~SW16）与 CPLD 对应引脚连接关系

SW1	SW2	SW3	SW4	SW5	SW6	SW7	SW8
P94	P95	P96	P97	P99	P100	P101	P102
SW9	SW10	SW11	SW12	SW13	SW14	SW15	SW16
P103	P104	P111	P112	P113	P114	P115	P116

4 个脉冲开关（KP1~KP4）与 CPLD 对应引脚连接关系

KP1	KP2	KP3	KP4
P94	P95	P96	P97

　　与数据开关和 CPLD 相应引脚相连的还有 16 个 LED 显示管，可以作为输出指示用。

（3）数码管显示

　　本实验箱有 10 个数码管（SEG1~SEG10），采用共阴极 8 段 LED 显示。其中 SEG1~SEG2 采用静态显示方式，SEG3~SEG10 采用动态扫描显示方式。且 SEG1、SEG2 的 8 段 LED 显示输入端分别与 8 个 LED 管相连且同时显示。

数码管 SEG1~SEG10 与 CPLD 的对应引脚连接关系

数码管名	a	b	c	d	e	f	g	p
SEG1	P142	P143	P144	P147	P148	P149	P150	P157
SEG2	P158	P159	P160	P161	、P162	P163	P164	P166
SEG3-6	P175	P176	P177	P179	P180	P186	P187	P189
SEG7-10	P195	P196	P197	P198	P199	P200	P202	P203

数码管 SEG3~SEG10 共阴公共端经反向器与 CPLD 的对应引脚连接关系

数码管名	SEG3	SEG4	SEG5	SEG6	SEG7	SEG8	SEG9	SEG10
CPLD 引脚	P170	P172	P173	P174	P190	P191	P192	P193

（4）A/D 转换

　　本实验器 A/D 转换采用双 A/D 转换，有 8 位 A/D 转换器 ADC0809 与 12 位 A/D 转换器 MAX196。对于 ADC0809 本实验器只使用了一路模拟量输入 IN-1，其余 7 个模拟量输入端均接到扩展槽 COM5。用户可实现最多 7 路模拟量分时输入。

ADC0809 与 CPLD 的对应引脚连接关系

ADD-A	ADD-B	ADD-C	START/ALE	CLOCK	EOC	Enable	
P36	P37	P38	P19	P40	P39	P17	
D0	D1	D2	D3	D4	D5	D6	D7
P24	P25	P26	P27	P28	P29	P30	P31

MAX196 与 CPLD 的对应引脚连接关系

WR	RD	INT	D0	D1	D2	D3	D4	D5	D6	D7	D8	D9	D10	D11
P25	P24	P19	P26	P27	P28	P29	P30	P31	P36	P37	P38	P39	P40	P41

（5）D/A 转换

在主板上有一个 D/A 转换器，DAC0832，参考电压为 V_{CC}（+5V），数字量由 CPLD 输入到 DAC0832 的 DI0 ~ DI7。模拟量输出由 J3（COM2）输出。

DAC0832 与 CPLD 的对应引脚连接关系

DI0	DI1	DI2	DI3	DI4	DI5	DI6	DI7	CS
P132	P133	P134	P135	P136	P139	P140	P141	P16

（6）单片机扩展槽及外扩槽

在主板上留有一个模拟单片机扩展槽，用于 CPLD 模拟单片机之用。

单片机扩展槽与 CPLD 接口连接关系

单片机	CPLD							
P0.0 ~ P0.7	P44	P45	P46	P47	P53	P54	P55	P56
P1.0 ~ P1.7	P57	P58	P60	P61	P62	P63	P64	P65
P2.0 ~ P2.7	P75	P74	P73	P71	P70	P69	P68	P67
P3.0 ~ P3.7	P83	P85	P86	P87	P88	P89	P90	P92
PSEN	P194							
ALE	P79							
RST	P18							

（7）RS232 接口

TXD（PC）接到 RXD（CPLD）的 P182，RXD（PC）接到 TXD（CPLD）的 P93

（8）RS485 接口

RS485 的 DI、RD 分别接 CPLD 的 P167、P169 引脚，DE、RE 并联后与 CPLD 的 P168 相连。

（9）键盘

4×4 键盘的接口电路如图 E-2 所示，CPLD 的 P120、P121、P122、P125 引脚作为扫描码输出，分别接到键盘的输入端，键盘的查询输出接到 CPLD 的 P126、P127、P128、P131 4 个引脚上。

（10）扩展接口

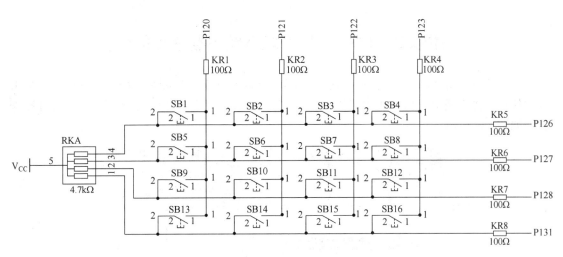

图 E-2　键盘与 CPLD 的接口示意图

40PIN 的扩展槽 COM6：为了外扩使用，在主板上设置有一个 40PIN 的扩展槽 COM6，该扩展槽与标准的 51 单片机仿真机接口兼容，其接口定义如下：1-PO57、2-V_{CC}、3-PO58、4-PO44、5-PO60、6-PO45、7-PO61、8-PO46、9-PO62、10-PO47、11-PO63、12-PO53、13-PO64、14-PO54、15-PO65、16-PO55、17-P18、18-PO56、19-PO83、20-V_{CC}、21-PO85、22-P79、23-PO86、24-PO93、25-PO87、26-PO67、27-PO88、28-PO68、29-PO89、30-PO69、31-PO90、32-PO70、33-PO92、34-PO71、35-XTAL2、36-PO73、37-XTAL1、38-PO74、39-GND、40-PO75。其中 POXX 表示 CPLD 的引脚经过电阻后与扩展口相连。

一个 26PIN 的扩展槽 COM7：其与 CPLD 对应的引脚在主板上已标明，此扩展槽可供用户根据自己的需要使用，其接口定义如下：1-PO204、2-PO205、3-PO206、4-PO207、5-PO208、6-PO7、7-PO8、8-PO9、9-PO10、10-PO11、11-PO12、12-PO13、13-PO14、14-PO15、15-PO16、16-PO17、17-GND、18-DATA2、19-DATA3、20-PO160、21-DATA4、22-DATA5、23-GND、24-+12V、25- -12V、26-V_{CC}。其中 DATA2、DATA3、DATA4、DA-TA5 为 CPLD 的 DATA [7..0] 的部分配置引脚。

附录 F　EDA 实验开发系统下载软件简介

　　自主开发的 CPLDDN 是与 Altera 公司 Max + plus Ⅱ 开发软件配套使用的下载软件。该下载软件具有操作简单、功能强大等优点，是 EDA 实验开发系统的配套软件之一，软件操作界面如图 F-1 所示。

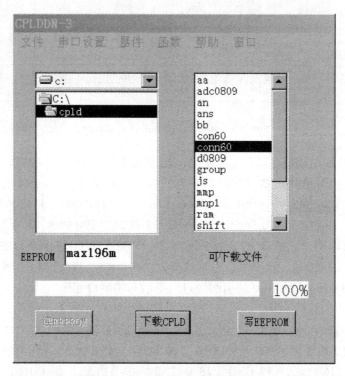

图 F-1　CPLDDN－3 型下载软件界面

1. CPLDDN－3 型下载软件

　　1）可以对 D10K10、D10K20、D10K30E、D1K30、D1K100 共 5 种型号的器件进行配置。

　　2）通过计算机串口与下载电路连接，下载软件中的"串口设置"菜单用于对所用串口（COM1 或 COM2）进行设置。

　　3）自带 MIF 文件生成器。可以生成三角函数、幂函数、指数函数等多种常用数学函数，且能显示相应波形，直接用于配置片内 ROM（EAB）。软件提供十进制，BCD 码两种表示方式。点击 MIF 文件生成器对话框中"打开"菜单的"报告文件"项可随时查看同时生成的报告文件。MIF 文件生成器界面如图 F-2 所示。

　　4）安装软件操作简单。

　　5）在"帮助"菜单中有帮助信息。

2. CPLDDN－3 型下载软件使用说明

　　（1）下载

　　1）启动 CPLDDN－3 型下载软件。

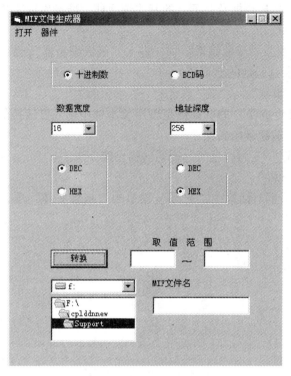

图 F-2　MIF 文件生成器界面

2) 在驱动器列表框中选择欲下载文件所在的驱动器。

3) 在目录列表框中选择欲下载文件所在的目录。

4) 在文件列表框中选择下载文件。

5) 单击"下载 CPLD"按钮。

（2）将下载程序写入 EEPROM

1) 步骤 1~4 同上。

2) 点击"写 EEPROM"。

（3）读 EEPROM 中的数据到 CPLD

1) 启动 CPLDDN-3 型下载软件。

2) 鼠标移到 EEPROM 框，单击左键，激活。

3) 点击"读 EEPROM"按钮，即可将存在里面的下载程序下载到 CPLD 中。

注：读 EEPROM 也可用硬复位的方法实现，即按下载板上的"复位"按钮。

（4）MIF 文件生成

1) 单击"下载软件"中的菜单项中"函数"打开"MIF 文件生成器"，界面如图 F-2 所示。

2) 在"器件"菜单中选择要用的器件。

3) 在"十进制数"与"BCD 码"选项框中选择生成文件的表示制式。

4) 在"数据宽度"选择框及其下方的制式选项框，选择生成文件中数据的宽度及显示制式。

5）在"地址深度"选择框及其下方的制式选项框，选择生成文件中数据地址的深度及显示制式。

6）"打开"菜单中选"函数编辑"项，进入"函数编辑器"界面，选择函数类型（单击显示波形可以查看所选函数的波形图）。

7）退出"函数编辑器"。

8）在"MIF 文件生成器"的"取值范围"文本框中填入要转换的数据范围。

9）单击"转换"按钮开始转换。

10）当"转换按钮"变为红色时，表明转换已经完成。

（5）查看"MIF 文件"

单击 MIF 文件生成器对话框中"打开"菜单的"报告文件"项，查看 MIF 文件的报告文件。

附录 G　部分常用 TTL 数字集成电路及其引脚分布图

常用 TTL 数字集成电路

序　号	型　号	名　称
1	74LS00	2 输入四与非门
2	74LS08	2 输入四与门
3	74LS20	4 输入二与非门
4	74LS21	4 输入二与非门
5	74LS27	3 输入三或非门
6	74LS32	2 输入四或门
7	74LS48	4 线—七段译码器/驱动器
8	74LS74	双上升沿 D 触发器
9	74LS85	4 位数值比较器
10	74LS86	2 输入四异或门
11	74LS112	双下降沿 JK 触发器
12	74LS138	3 线/8 线译码器
13	74LS151	8 选 1 数据选择器
14	74LS153	双 4 选 1 数据选择器
15	74LS160	十进制同步计数器（异步清除）
16	74LS161	4 位二进制同步计数器（异步清除）
17	74LS162	十进制同步计数器（同步清除）
18	74LS163	4 位二进制同步计数器（同步清除）
19	74LS164	8 位移位寄存器（并行输入、并行输出）
20	74LS175	4 上升沿 D 触发器（有公共清除端）
21	74LS194	4 位双向移位寄存器（并行存取）
22	74LS283	4 位二进制超前进位全加器
23	74LS290	二—五—十进制计数器
24	BSR212	数码显示器（共阳极）
25	BSR202	数码显示器（共阴极）

部分常用集成电路引脚分布图

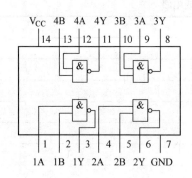

图 G-1　7400 74LS00（2 输入端四与非门）

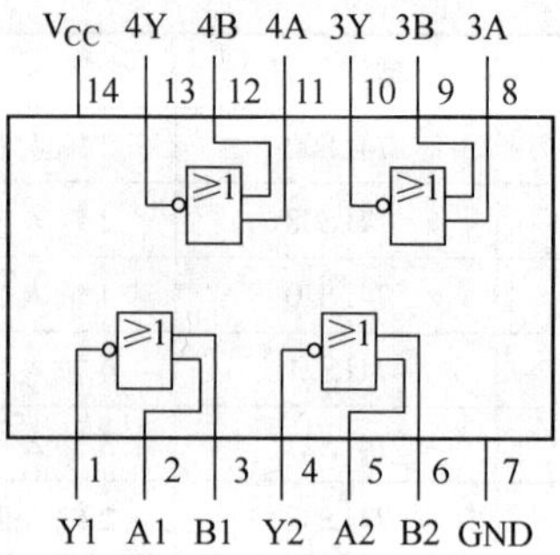

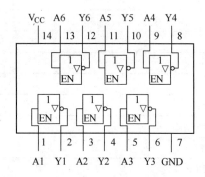

图 G-3　7404 74LS04（六反相器）

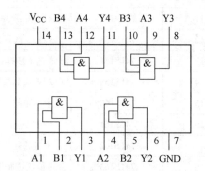

图 G-2　7402 74LS02（2 输入端四或非门）

图 G-4　7408 74LS08（2 输入端四与门）

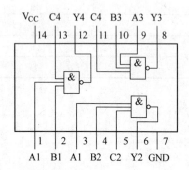

图 G-5　7410 74LS10（3 输入端三与非门）

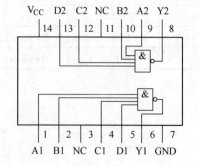

图 G-6　7420 74LS20（4 输入端双与非门）

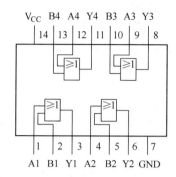

图 G-7　7432 74LS32（2 输入四或门）

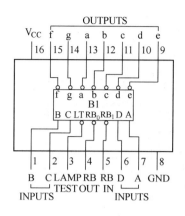

图 G-8　7446（低电平）BCD-7 段译码
7447（高电平）译码器/驱动器

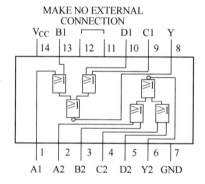

图 G-9　7451 74S51（双 2×2 与或非）

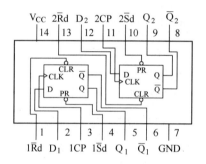

图 G-10　7474 74LS74（双 D 触发器带置位、
复位、正触发）

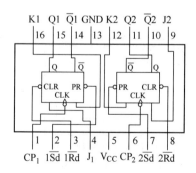

图 G-11　7476 74LS76
（双 JK 触发器带预置和清除端）

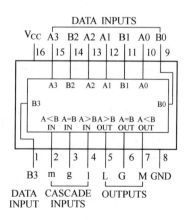

图 G-12　7485 74LS85（4 位数字比较器）

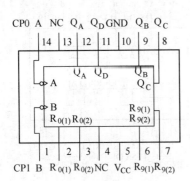

图 G-13　7490 74LS90（十进制计数器）

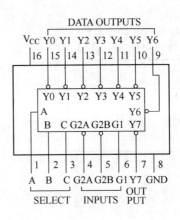

图 G-14　74LS138（3-8 线译码器）

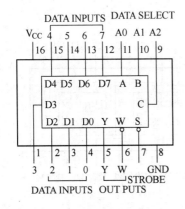

图 G-15　74151 74LS151（8 选 1 数据选择器）

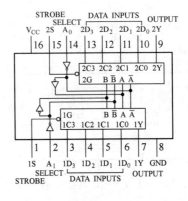

图 G-16　74153 74LS153
（双 4 选 1 数据选择器）

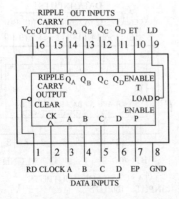

图 G-17　74160 74LS161 可预置
BCD 计数器（异步清除）

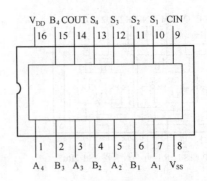

图 G-18　CD4008（4 位超前进位全加器）

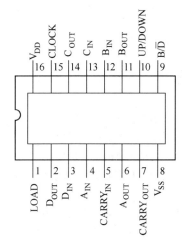

图 G-19　CD4029（4 位可预置、可逆计数器）

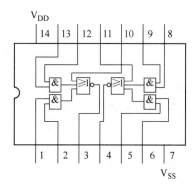

图 G-20　CD 4085（双 2×2 与或非门）

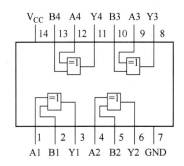

图 G-21　7486 74LS86（2 输入端四异或门）

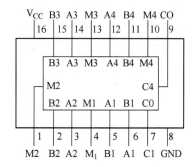

图 G-22　74283 74LS283（4 位二进制全加器）

参 考 文 献

［1］ 曹国清．数字电路与逻辑设计［M］．徐州：中国矿业大学出版社，2003.

［2］ 阎石．数字电子技术基础［M］．5 版．北京：高等教育出版社，2005.

［3］ 邓元庆，贾鹏．数字电路与系统设计［M］．西安：西安电子科技大学出版社，2003.

［4］ 钱恭斌，张基宏．Electronics workbench：实用通信与电子线路的计算机仿真［M］．北京：电子工业出版社，2001.

［5］ 路而红．虚拟电子实验室：Electronics Workbench［M］．北京：人民邮电出版社，2001.

［6］ 张玉平．电子技术实验及电子电路计算机仿真［M］．北京：北京理工大学出版社，2001.

［7］ 周泽义．电子技术实验［M］．武汉：武汉理工大学出版社，2001.

［8］ 蔡忠法．电子技术实验与课程设计［M］．杭州：浙江大学出版社，2003.

［9］ 李雷．集成电路应用实验［M］．北京：国防工业出版社，2004.

［10］ 廖洪翔．电子技术实验指导［M］．成都：西南交通大学出版社，2008.

［11］ 罗慧．电子技术实验指导书［M］．合肥：合肥工业大学出版社，2008.

［12］ 王萍，许雪莹．电子技术实验教程［M］．北京：机械工业出版社，2009.

［13］ 朱卫东．电子技术实验教程［M］．北京：清华大学出版社，2009.

地址:北京市百万庄大街22号
邮政编码:100037
电话服务
社服务中心:010-88361066
销售一部:010-68326294
销售二部:010-88379649
读者购书热线:010-88379203
网络服务
教材网:http://www.cmpedu.com
机工官网:http://www.cmpbook.com
机工官博:http://weibo.com/cmp1952
封面无防伪标均为盗版

上架指导 电子技术
ISBN 978-7-111-39166-1
策划编辑◎贡克勤／封面设计◎路恩中

ISBN 978-7-111-39166-1

9787111391661 >

定价:24.00元